KAMPFPANZER LEOPARD 1

ENTWICKLUNG–SERIE–KOMPONENTEN

Rolf Hilmes

Motor buch Verlag

Einbandgestaltung: Luis dos Santos

Bildnachweis: Archiv Autor (152); AMX (3); Dr. Ing. h.c.F.Porsche KG (3); Rheinstahl AG (1); Carl F. W. Borgward GmbH (1); WTD 41 (9); WTD 91 (3); Krauss-Maffei AG (17); Rheinmetall AG (5); Wegmann&Co (4); MaK (2); KTS Munster (1); Ralph Zwilling (1); OTO MELARA (2); Friesecke&Höpfner (1); IABG (6); ZEISS (2); AEG-Telefunken (1);Steinheil-Lear Siegler AG (2); ELTRO (1); Texas Instruments (1); mtu (1); ZF (3); ATE (1); Blohm&Voss (1); Würth (1); Drägerwerk/Anton Piller (1); Hoesch Rothe Erde (1); SEL (1)

ISBN: 978-3-613-04695-5

Ein Unternehmen der Paul Pietsch Verlage GmbH & Co. KG

1. Auflage 2024

Sie finden uns im Internet unter www.motorbuch-verlag.de

Lektorat: Frank Lobitz
Innengestaltung: WS – WerbeService Linke, 76185 Karlsruhe
Druck und Bindung: Conzella, 85609 Aschheim-Dornach
Printed in Printed in Germany

Inhalt

Vorwort

Die Kampffahrzeugausstattung und -entwicklung für die Bundeswehr erfolgte in den Anfangsjahren in drei großen Schritten: In einem ersten Schritt wurden ausländische Panzerfahrzeuge (vornehmlich aus US-Beständen) angekauft. In einem zweiten Schritt wurden Panzerfahrzeuge im Ausland (Frankreich und Großbritannien) nach deutschen militärischen Forderungen entwickelt und gefertigt – hierzu zählen die Fahrzeuge HS 30 und Hotchkiss. Schließlich wagte man Ende der 1950er Jahre den Schritt, deutsche Firmen mit der Entwicklung und Fertigung von modernen und leistungsfähigen Kampffahrzeugen zu beauftragen. Zu den ersten größeren Panzerprojekten zählte der KPz Leopard 1 inkl. Familienfahrzeugen und das SPz-neu-Programm.
Bei der Durchführung dieser Vorhaben flossen die negativen Erfahrungen insbesondere aus der HS 30-Entwicklung ein. Um derartig schlechte Erfahrungen zu vermeiden, ging man bei der Entwicklung des KPz Leopard 1 ausgesprochen sorgfältig und systematisch vor. Diese Vorgehensweise war auch notwendig, da die deutsche Industrie Ende der 1950er Jahre bei der Entwicklung zahlreicher Komponenten Neuland betreten musste. Hier standen – ebenso wie im Amtsbereich – nur noch sehr wenige Mitarbeiter mit praktischen Erfahrungen aus der Zeit des 2. Weltkrieges zur Verfügung. Um die vorhandenen Fähigkeiten bestmöglich ausnutzen zu können, wurden im Leopard-1- Programm drei Firmengruppen gleichzeitig mit der Erarbeitung von Konzeptentwürfen beauftragt. Interessanterweise unterschieden sich die eingereichten Vorschläge sehr stark im Technologiestand der verwendeten Komponenten. So reichte Firmengruppe C (Firma Borgward, Bremen) einen ausgesprochen revolutionären Fahrzeugentwurf ein. Aufgrund der sehr hohen Entwicklungsrisiken sah der Auftraggeber von der Realisierung entsprechender Prototypen ab. Auch der Entwurf von Firmengruppe B unter Führung des Entwicklungsbüros Warnecke, Düsseldorf, wies in vielen Bereichen neuartige Technologien auf (z. B. hydropneumatische Federung; hydrostatisches Überlagerungs-Lenkgetriebe usw.). Trotz erkennbarer Entwicklungsrisiken entschied sich der Auftraggeber zum Bau von Prototypen. Demgegenüber zeigte der Konzeptentwurf der Firmengruppe A unter Führung des Entwicklungsbüros Porsche eine Komponentenauswahl mit relativ geringen Entwicklungsrisiken. Es sollte sich später heraus stellen, dass dieser Entwurf in einem überschaubaren Zeit- und Kostenrahmen bis zur Serienreife geführt werden konnte. Interessanterweise wurden den Firmen der »Verlierergruppe« B später das Programm SPz-neu übertragen, aus dem der SPz Marder entstand.
Durch ein straff geführtes Entwicklungs- und Erprobungsprogramm konnte nach neunjähriger Entwicklungszeit am 9. September 1965 mit dem KPz Leopard 1 der Truppe ein leistungsfähiges, zuverlässiges und truppentaugliches Waffensystem übergeben werden. Dabei wurde besonderer Wert auf eine einfache Bedienung des Systems sowie – aufgrund der Erfahrungen im 2. Weltkrieg – auf günstige Materialerhaltungseigenschaften gelegt. Letzteres spiegelt sich u.a. in einer schnellen Austauschbarkeit wichtiger Baugruppen wieder.
Bei der Grundkonzeption des KPz Leopard 1 wurde bezüglich der Kampfwertkriterien Feuerkraft – Beweglichkeit – Schutz der Beweglichkeit Vorrang gegenüber den Schutzeigenschaften eingeräumt. Diese Entscheidung für einen leichtgewichtigen 30-to-Standardpanzer wurde Ende der 1950er Jahre getroffen, da bereits zu dieser Zeit auch mit leichten Panzerabwehrwaffen praktisch jede Panzerung durchschlagen werden konnte. Man gab bei dem KPz Leopard 1 den Wettlauf mit der Munitionswirkung auf und versuchte, durch Agilität und Schnelligkeit sowie eine niedrige Silhouette eine akzeptable Überlebensfähigkeit zu gewährleisten. Diese Auslegungsphilosophie eines Kampfpanzers war – außer in Deutschland und Frankreich – bei vielen panzerbauenden Nationen umstritten.
Obwohl es große Zweifel gab, ob sich die Auslegungsphilosophie des KPz Leopard 1 in realen Kampfeinsatzen bewähren wurde, hat interessanterweise eine Vielzahl von Nationen sich für die Einführung dieses relativ leichten Kampfpanzers in ihre Streitkräfte entschieden. Bereits acht Jahre nach Serienbeginn des KPz Leopard 1 hat sich auch in Deutschland die Auslegungsphilosophie eines Kampfpanzers geändert: Mitten in der Entwicklung des KPz Leopard 2 wurde 1973 der ballistische Schutz erheblich verstärkt. Mit der Änderung der Schutzphilosophie wurde durch Zusatzpanzerungen und Übergang auf Doppelschott-Anordnungen beim Schweißturm auch das Schutzniveau beim KPz Leopard 1 angehoben; damit stieg das Gefechtsgewicht von 40 to auf 42,4 to an. In einer letzten, entscheidenden Schutzverbesserung sollte zumindest partiell der Bedrohung durch Wuchtmunition begegnet werden – die damit verbundene Gewichtserhöhung von knapp 6 to hatte jedoch insbesondere mit Rücksicht auf Kraftübertragung und Fahrwerk nach deutscher Auffassung nicht mehr systemverträglich umgesetzt werden

können. Demgegenüber haben KPz Leopard 1, die von anderen Staaten im Kosovo und in Afghanistan in den Einsatz gebracht wurden, noch eine massive Schutzverbesserung erhalten.
Die ursprüngliche Nutzungsdauer des KPz Leopard 1 sollte bei der Bundeswehr in den 1980er Jahren enden. Seit April 1972 lagen die taktischen Forderungen für einen KPz 3 / KPz Leopard 3 als Nachfolgemodell vor. U.a. aufgrund schwerwiegender Zielkonflikte innerhalb der militärischen Forderungen sowie vielfältigen Problemen mit Kooperationspartnern dieses Programms (Großbritannien, Frankreich) wurden vom KPz 3 noch nicht einmal Prototypen gebaut. Der Leopard 1 musste gegenüber der ursprünglichen Planung fast doppelt solang in der Truppe verbleiben!
Während bei der Bundeswehr im Jahr 2003 nach 38-jahriger Nutzungsdauer der KPz Leopard 1 aus der Truppe verschwand, wird das Fahrzeug im Ausland noch viele Jahre in der Nutzung verbleiben. Durch die Truppenreduzierungsmaßnahmen haben zahlreiche westeuropäische Staaten ihre Leopard-1-Bestände verkauft – u.a. nach Chile und Brasilien. Für diese Staaten, deren Streitkräfte teilweise noch mit Kampfpanzern aus dem 2. Weltkrieg ausgerüstet waren (M 3; M 4 usw.), bedeutete die Umstellung auf den KPz Leopard 1 einen dramatischen Fortschritt.
Der vorliegende Band gibt dem interessierten Leser einen guten Überblick Über den Verlauf der Entwicklung sowie über die Technik des KPz Leopard 1. Neben den Serienversionen werden auch die Versuchsträger vorgestellt, die unter Nutzung des Leopard-1-Fahrgestells oder Turmes, bzw. der Technologie von Leopard-1-Baugruppen entstanden sind und die bislang in der Öffentlichkeit weniger bekannt waren.

Rolf Hilmes
Ketsch, im Juli 2019

Entwicklungsaktivitäten

Vorprojekte

Selbst in Fachkreisen ist kaum bekannt, dass deutsche Firmen schon vor Beginn der Entwicklungsarbeiten am Leopard 1 bzw. der SPz-neu-Familie bereits mit Entwurfsarbeiten von Panzerfahrzeugen beschäftigt waren. So hat bereits – beginnend im Jahr 1953 – Fa. Porsche System-Engineering Ltd. in Zug (CH; Postadresse) folgende Entwürfe ausgearbeitet:

- B-PS 100 – ein 36-to-Turmpanzer mit 90-mm-Panzerkanone; Ladehilfe, 3 Mann Besatzung,
- B-PS 101 Ausf. A – ein 36-to-Sturmgeschütz mit 88-mm-Panzerkanone; Ladeautomat, 3 Mann Besatzung,
- B-PS 101 Ausf. B – ein 36-to-Turmpanzer mit 55-mm-Schnellfeuerkanone, 3 Mann Besatzung,
- B-PS 102 – ein 39,5-to-Turmpanzer mit 90-mm-Panzerkanone, 4 Mann Besatzung, (»Indien-Projekt«).

Für das Projekt B-PS 102 bestand offenbar ein Interesse der indischen Regierung, die seit Anfang der 1950er Jahre mit Firma Daimler-Benz über die Lieferung von militärischen Produkten verhandelte. In der Auslegung zeigt sich ein konventionelles Turmpanzerkonzept, bei dem interessanterweise auf eine Reihe von Technologien von Wehrmachtsfahrzeugen zurückgegriffen wurde (Lenkgetriebe, Federung). Bemerkenswerterweise sollten Wanne und Turm (in Analogie zu den Kampfpanzern M 47 und M 48) aus Panzerstahlguss gefertigt werden (vorgesehener Hersteller: Fa. Ruhrstahl). Auch wenn letztlich das »Indien-Projekt« nicht realisiert wurde, so erlaubten diese Vorarbeiten einen relativ schnellen Einstieg der beteiligten Firmen in die Leopard 1-Entwicklung.

Indien-Projekt.

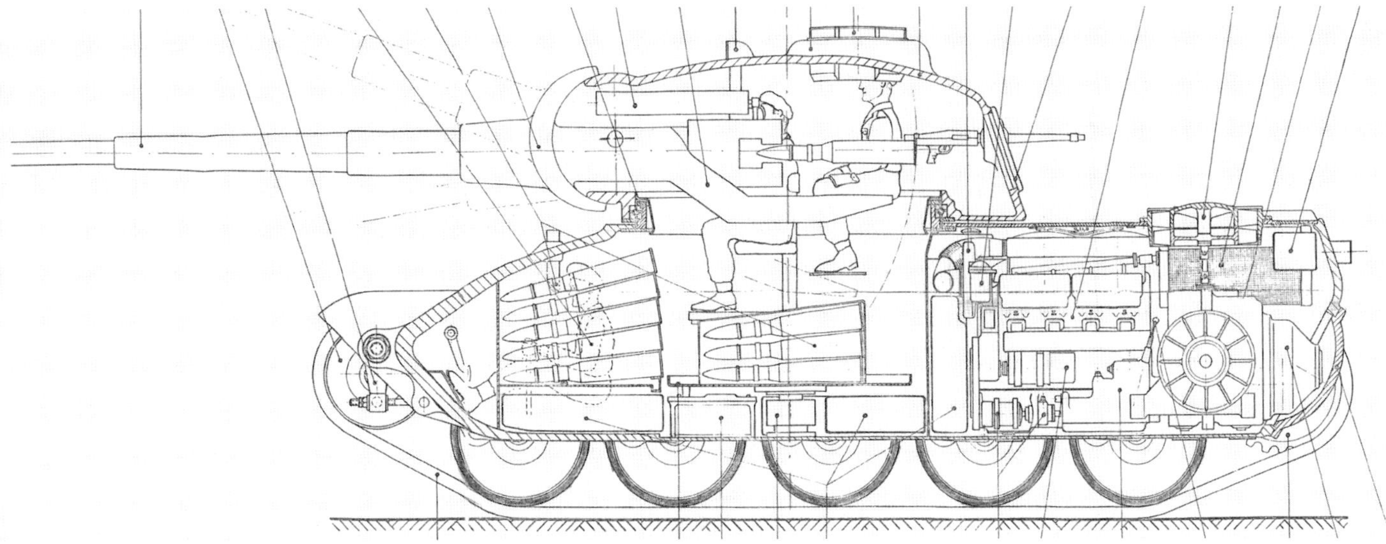

In dem Seitenschnitt ist erkennbar, dass das Turmgehäuse vollständig aus Panzerstahlguss besteht; das Wannengehäuse besteht offenbar (mit Ausnahme der Bodenplatte und den Seitenwänden) ebenfalls aus Panzerstahlguss. Damit ähnelt die Konzeption der Gehäuse sehr stark den damaligen US-Kampfpanzern. Minenschutzmaßnahmen waren nicht vorgesehen, da Kraftstofftanks und Batterien direkt auf dem Wannenboden befestigt waren. Im Gegensatz zu den US-KPz war in der Kraftübertragung kein Drehmomentwandler sondern eine 3-Scheiben-Kupplung vorgesehen. Ein Austausch der Kupplungsbeläge konnte durch einen in der Heckpartie verschraubten Deckel vorgenommen werden (s. AMX 30). Auffällig ist, dass die Schildzapfenachse nicht in der Ebene der Rohr-Seelenachse lag.

Typ	Indien-Projekt
Entwurfszeitraum	1955
Besatzung	4 Mann
Gefechtsmasse	39,5 to
Länge Fahrgestell	6,20 m
Breite über Ketten	3,20 m
Höhe (Turmdach)	k. A.
Hauptwaffe; Kaliber	90 mm
Munitionsvorrat	61 Schuss
Sekundärwaffe 1; Kaliber	7,62-mm-Blenden-MG
Sekundärwaffe 2; Kaliber	7,62 mm im Turmheck
Motor; Art	8-Zyl-Diesel; MB 837 A
Nennleistung	485 kW bei 2 200 U/min
Höchstgeschwindigkeit	ca. 50 km/h
Fahrbereich Straße	450 km
Kraftstoffvorrat	ca. 1200 l
Verbrauch (Straße)	ca. 270 l/100 km
Fahrwerksfederung	Tellerfederung
Panzerungsdicken	130 mm Turmfront; 90 mm Wannenbug

Start der Leopard 1-Entwicklung

Bei der Aufstellung der Deutschen Bundeswehr konnten die Soldaten der jungen Panzertruppe mit dem seit Januar 1956 verfügbaren US-KPz M 47 umgehend mit der taktischen, schießtechnischen und fahrzeugtechnischen Ausbildung beginnen. Dennoch war dem Führungsstab des Heeres im Verteidigungsministerium bereits sehr früh klar,

- dass der M 47 etwa Mitte der 1960er Jahre seine Verschleißgrenze erreicht haben dürfte und dann auch die Ersatzteilversorgung gefährdet sein könnte,
- dass die US-Kampfpanzer M 47 und M 48 für die geographischen Verhältnisse in Deutschland zu schwer, zu breit und zu hoch waren,
- und dass diese Kampfpanzer aufgrund des Otto-Motors einen zu hohen Verbrauch und damit einen zu geringen Aktionsradius aufwiesen,
- schließlich stellte der mitgeführte Otto-Kraftstoff ein hohes Gefährdungspotenzial für diese Kampfpanzer dar.

Darüber hinaus sollte die deutsche Industrie baldmöglichst in die Lage versetzt werden, ei-

Typ	Prototyp PT I A
Entwurfszeitraum	1958/59
Besatzung	4 Mann
Gefechtsmasse	33 to
Länge Fahrgestell	6,52 m
Breite über Ketten	3,25 m
Höhe (Turmdach)	2,22 m
Hauptwaffe; Kaliber	90 mm
Munitionsvorrat	k. A.
Sekundärwaffe 1; Kaliber	7,62-mm-Blenden-MG
Sekundärwaffe 2; Kaliber	k. A.
Motor; Art	10-Zyl.-Diesel; MB 838
Nennleistung	611 kW bei 2400 U/min
Höchstgeschwindigkeit	ca. 65 km/h
Fahrbereich Straße	365 km
Kraftstoffvorrat	1120 l
Verbrauch (Straße)	ca. 300 l/100 km
Fahrwerksfederung	Drehstab
Panzerschutz Bug oben	50 mm (Bug oben)

genständige Entwicklungs- und Fertigungskapazitäten für Panzerfahrzeuge aufzubauen und damit den Anschluss an den internationalen Standard erreichen.
Bereits Ende 1956 war ein erster Entwurf der militärischen Forderungen für einen 30-to-Panzerkampfwagen fertig. In der Folgezeit ergab sich die Möglichkeit, die Forderungen mit den französischen Bedarfsträger abzustimmen, sodass im Herbst 1958 ein Abkommen zur Entwicklung eines 30-to-Standardpanzers abgeschlossen werden konnte. Italien trat dem Abkommen als dritte Nation bei (Beobachterstatus). Großbritannien lehnte bereits 1957 eine Mitarbeit im Standardpanzer-Programm ab, da es mit den militärischen Forderungen von Frankreich und Deutschland bezüglich des Schutzniveaus und der geforderten Beweglichkeit (30 PS/to) nicht einverstanden war.

Entwurf Porsche PT I A ; 33-to-Panzerkampfwagen; Juli 1959.

Prototypen der ersten Generation (Firmengruppe A)

Um die industrielle Kreativität möglichst umfassend ausschöpfen zu können, wurden auf deutscher Seite im Mai 1959 mit drei Firmengruppen entsprechende Entwicklungsverträge geschlossen:

- Firmengruppe A bestehend aus den Firmen Porsche, Jung-Jungenthal und Luther & Jordan;
- Firmengruppe B bestehend aus den Firmen Ing. Büro Warnecke, Henschel und Rheinstahl-Hanomag;
- Firmengruppe C bestehend aus Firma Borgward.

Die Verträge mit den Firmengruppen A und B beinhalteten die Entwicklung der Prototypen und die Lieferung von jeweils zwei Fahrzeugen. Der Vertrag mit Fa. Borgward beinhaltete die Anfertigung von Konzeptstudien und in der Folgezeit die Untersuchung zukunftsorientierter Technologien.

Interessanterweise wurde auch mit dem französischen Unternehmen DEFA ein Vertrag über die Lieferung von zwei Prototypen des französischen Standardpanzers abgeschlossen; hierfür zahlte Deutschland 6 Mill. DM.

Bereits Ende 1960 waren die ersten Prototypen fertig gestellt. Für das Fahrzeug der Firmengruppe A wurden vergleichsweise risikoarme Baugruppen für den Antriebs- und Fahrwerksbereich ausgewählt. Es verfügte über eine 90-mm-Panzerkanone von Fa. Rheinmetall; als Motor stand zu diesem Zeitpunkt nur der 8-Zylinder-Dieselmotor MB 837 Ba (485 kW) zur Verfügung. Die

Prototyp PT I A auf dem Stegskopf, 1961.

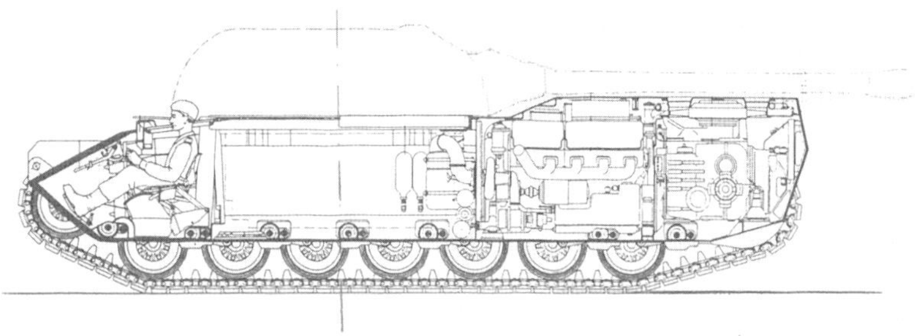

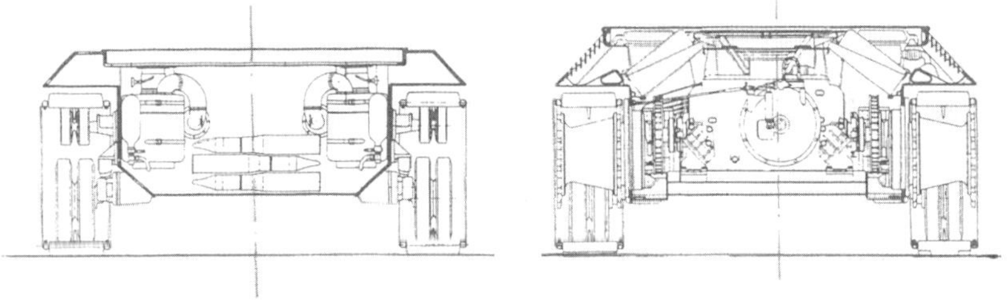

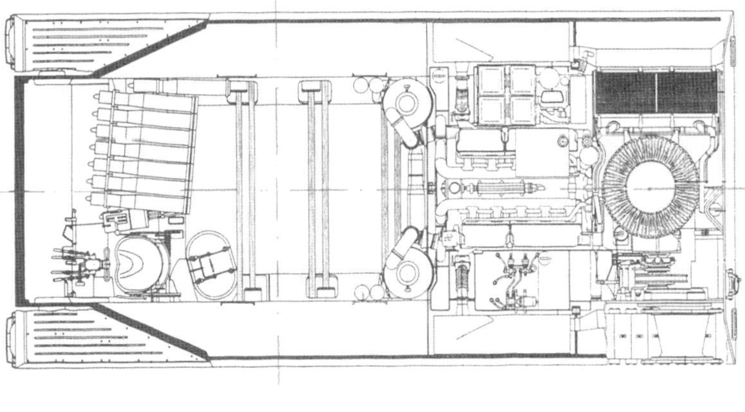

Vier Seiten-Skizze des PT I A: Die beiden Ölbad-Luftfilter wurden in Analogie zur Anordnung im US-KPz M 48 in den Nischen an der Schottwand zum Triebwerksraum angeordnet. Die beiden Batteriesätze wurden neben dem Motor über den Tanks platziert. Dies sollte erst beim Vorserienfahrzeug geändert werden. Die schräge Lage der Kühler wurde bei den PT der zweiten Generation nicht übernommen. Bemerkenswert ist der Einsatz von Schrägflanschplatten im Bereich der Schwingarmlager (Kampfraumbereich). Dies sollte wohl für einen besseren Minenschutz sorgen (s. KPz Leopard 2).

PT I A Holzmodell: Schon vor dem Abschluss der eigentlichen Entwicklungsverträge im Mai 1959 haben sich eine Reihe von Firmen mit der Konzeption des geforderten »30 to-Standardpanzers« beschäftigt. So konnten bereits im Dezember 1959 die ersten Holzmodelle der beiden Firmengruppen bei der Erprobungsstelle E 91 in Meppen vorgestellt werden. Das Bild zeigt das Holzmodell der Firmengruppe A mit der 90 mm PzK von Fa. Rheinmetall. Gegenüber dem KPz T-34/85 fällt die um 180 mm niedrigere Turmdachhöhe des Standardpanzers auf.

sieben Laufrollen wurden über Drehstäbe abgefedert. Interessanterweise saß der Fahrer noch auf der linken Seite. Das vorgegebene Gewichtslimit wurde um 4,8 to (= 16 %) überschritten.

Typ	Prototyp PT I A
Baujahr	1959/60
Besatzung	4 Mann
Gefechtsmasse	34,8 to
Länge Fahrgestell	6,71 m
Breite über Ketten	3,15 m
Höhe (Turmdach)	2,20 m
Hauptwaffe; Kaliber	90-mm-Rheinmetall
Munitionsvorrat	k. A.
Sekundärwaffe 1; Kaliber	7,62-mm-Blenden-MG
Sekundärwaffe 2; Kaliber	7,62-mm-Fla-MG
Motor; Art	8-Zyl.-Diesel MB 837 Ba
Nennleistung	485 kW bei 2200 U/min
Höchstgeschwindigkeit	60 km/h
Fahrbereich Straße	524 km
Kraftstoffvorrat	1008 l
Verbrauch (Straße)	192 l/100 km
Fahrwerksfederung	Drehstab
Panzerschutz	50-mm-Bug oben

Im Jahr 1961 wurden die ersten Prototypen der beiden Firmengruppen fertig gestellt. Nach einer kurzen Werkserprobung wurden die Fahrzeuge an die Bundeswehr übergeben. Neben der eigentlichen Erprobung wurden die Prototypen verschiedenen in- und ausländischen Delegationen vorgeführt. Das Bild zeigt den Prototyp I der Firmengruppe A mit einem Wegmann-Turm bei einer Vorführung auf dem Truppenübungsplatz Stegskopf (bei Daaden). Auffallend ist die flache Silhouette des Fahrzeugs (Turmdachhöhe: 2,20 m) – vergleichbar mit russischen Kampfpanzern.

Bei dem Triebrad fehlen die Durchbrüche, um bei schwierigen Bodenverhältnissen eine Selbstreinigung zu ermöglichen. Interessanterweise ist dieses Fahrzeug bereits mit der britischen 105-mm L7-Panzerkanone nachgerüstet worden. Diese Waffe wurde 1962 beschafft, nachdem sich die Entwicklung einer 105-mm-Glattrohrkanone bei Fa. Rheinmetall verzögerte. Im Bereich des hinteren Turmdachs ist eine Kuppel für einen Kampfraumlüfter erkennbar. Wegen der Forderung nach Unterwasserfahrt entfiel später diese Lüfterkuppel (s. KPz T-55).

Prototypen der ersten Generation (Firmengruppe B)

Bei den zwei Prototypen der Firmengruppe B sollten nach Vorstellungen des Entwicklungsbüros Warnecke im Antriebs- und Laufwerksbereich zukunftsorientierte Technologien verwendet werden. Als Getriebe wurde ein hydrostatisches Überlagerungs-Lenkgetriebe vorgesehen, welches eine stufenlose Lenkung des Fahrzeugs ermöglichte. Das Fahrgestell war kürzer als bei den Prototypen der Firmengruppe A, sodass ein 6-Rollen-Fahrwerk ausreichte. Als Federungssysteme wurden einmal hydropneumatische Federungselemente (beim Fahrzeug B I 1; Hanomag), bzw. Tellerfedern (beim Fahrzeug B I 2; Henschel) verwendet. Bezüglich der Formgebung war die Wanne günstiger gestaltet als bei dem Prototyp der Firmengruppe A. Das vorgegebene Gewichtslimit wurde bereits mit dem ersten Prototypen um 6,2 to (= 21 %) überschritten.

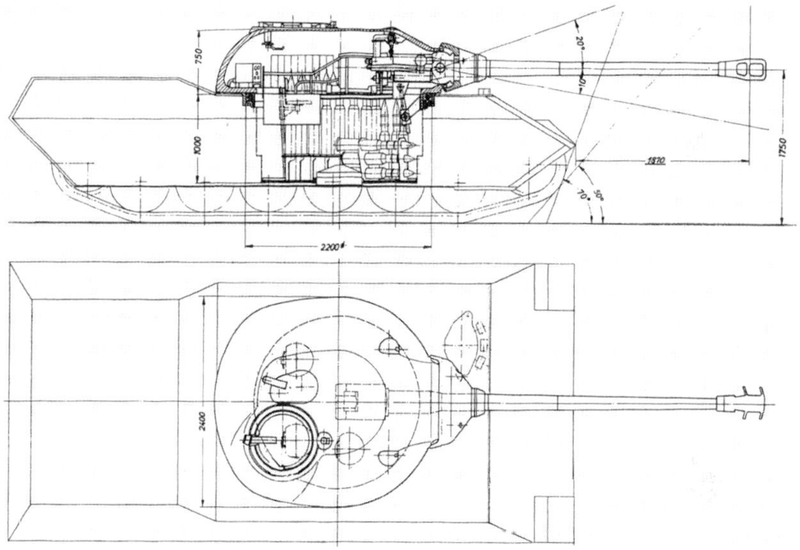

Zwei-Seiten-Ansicht des PT I B: Für den Entwurf wurde noch die 90-mm-Rheinmetall-Kanone in einem Rheinmetall-Turm vorgesehen. Auch in diesem Entwurfsstadium war der Fahrer noch auf der linken Seite platziert. Offenbar um eine günstige Turmform zu erhalten, wurde die Ladeschützenluke annähernd in der Mitte des Turmes positioniert – sie würde damit direkt über dem Hülsenkasten liegen! Auffallend ist auch die eigenartige Form der Ladeschützenluke.

PT I B Holzmodell 1959: Auch von dem Konzept der Firmengruppe B stand im Jahr 1959 ein Holzmodell für Anschauungszwecke zur Verfügung. Das Bild zeigt das Modell neben einem KPz M 48 A2; der Unterschied bei der Turmdachhöhe beträgt 53 cm! Gegenüber dem PT I A fällt die einfachere Gestaltung der Wannenfrontpartie auf. Richtigerweise wurde hier der Fahrerplatz auf die rechte Seite verlegt, damit der Ladeschütze (links neben der Hauptwaffe stehend) – einen günstigeren Zugang zu der Vorratsmunition im Wannenbug hat.

Unten: PT I B auf dem Stegskopf 1961: Aufgrund des größeren Laufrollendurchmessers kommt der PT I B mit sechs Laufrollen pro Seite aus. Das Triebrad verfügt richtigerweise über die notwendigen Durchbrüche zur Selbstreinigung. Bei dem Turm von Fa. Rheinmetall wurde auf eine Heckauslage verzichtet. Dies führt zu einer spürbaren Frontlastigkeit, welche sich bei einer Stabilisierung ungünstig ausgewirkt hätte. Beachtenswert: die sehr flachen Kettenanstiegswinkel vorn und hinten.

Die Prototypen der ersten Generation wurden im Zeitraum 1/1961 bis 4/1962 bei der Erprobungsstelle 91 in Meppen ausgiebig untersucht. Dabei zeigten die Prototypen der Firmengruppe B überdurchschnittlich hohe Ausfallraten – insbesondere bei den Baugruppen: Hydrop-Federn, hydraulischer Kettenspanner, Lenkgetriebe und bei der Kettenführung.
Noch während der Erprobung der Prototypen der ersten Generation wurden im Herbst 1961 die Verträge zur Entwicklung und zur Fertigung von Prototypen der zweiten Generation mit den Firmengruppen A und B geschlossen.

Typ	Prototyp PT I B
Baujahr	1959/60
Besatzung	4 Mann
Gefechtsmasse	36,2 to
Länge Fahrgestell	7,00 m
Breite über Ketten	3,20 m
Höhe (Turmdach)	2,12 m
Hauptwaffe; Kaliber	90-mm-Rheinmetall
Munitionsvorrat	k. A
Sekundärwaffe 1; Kaliber	7,62-mm-Blenden-MG
Sekundärwaffe 2; Kaliber	7,62-mm-Fla-MG
Motor; Art	8-Zyl.-Diesel MB 837 Ba
Nennleistung	485 kW bei 2200 U/min
Höchstgeschwindigkeit	61 km/h
Fahrbereich Straße	200 km
Kraftstoffvorrat	420 l
Verbrauch (Straße)	210 l/100 km
Fahrwerksfederung	Hydrop
Panzerschutz	50 mm (Bug oben)

Links: PT I B auf dem Stegskopf 1961: Trotz der Ausblickköpfe für den optischen Entfernungsmesser konnte eine recht günstige Turmform erreicht werden. Dies liegt sicherlich an der relativ kurzen Basislänge des E-Messers (1,42 m) und an der fast mittigen Lage der Ladeschützenluke. Um die Messgenauigkeit zu verbessern, wurde später für die Serie ein E-Messer mit einer Basislänge von 1,72 m verwendet – dies führte zu einer ungünstigeren Turmform.

Prototypen der ersten Generation (Firmengruppe C)

Im Entwicklungszentrum von Firma Carl F. W. Borgward in Bremen wurde – neben formschönen Autos – bereits Ende der 1950er Jahre ein umfassendes Kampfahrzeugprogramm konzipiert, welches sich durch Verwendung von standardisierten Baugruppen auszeichnete. Der in diesem Programm enthaltene 30-to-Kampfpanzerentwurf mit der Bezeichnung RRV EP1-15/6 war aufgrund der ausgewählten Baugruppentechnologien und Funktionalitäten seiner Zeit weit voraus. So hat der damalige Chef des Entwicklungszentrums (Dipl. Ing. Erich Übelacker) für diesen Entwurf ein Fahrzeug vorgesehen, welches sich sowohl auf Rädern, wie auch auf Ketten bewegen konnte (ähnlich den russischen BT-Kampfwagen). Die Räder sollten über Hydrop-Elemente abgefedert werden. Für den Antrieb waren vier 6-Zylinder-Boxermotoren vorgesehen. Die 3-Mann-Besatzung befand sich hinter dem Turm. Der Turm mit der 105-mm-Panzerkanone lagerte auf einer Kugel und war in drei Ebenen stabilisiert.

Der Entwurf wurde im Rahmen der Firmengruppe C zur Begutachtung für die Leopard 1-Entwicklung vorgelegt. Seitens des Auftraggebers wurde jedoch entschieden, dass auf dieser Grundlage kein Prototyp gebaut werden sollte, da die Entwicklungsrisiken als extrem hoch eingestuft wurden. Fa. Borgward wurde stattdessen in der Folgezeit mit der Untersuchung der Realisierungsmöglichkeiten eines dreiachsig stabilisierten Turmes beauftragt.

Typ	Prototyp 1. Gen. FGrp C
Entwurfszeitraum	1959
Besatzung	3 Mann
Gefechtsmasse	ca. 30 to
Länge Fahrgestell	6,85 m
Breite über Ketten	3,5 m
Höhe (Turmdach)	2,19 m
Hauptwaffe; Kaliber	105 mm
Munitionsvorrat	k. A.
Sekundärwaffe 1; Kaliber	20 mm
Sekundärwaffe 2; Kaliber	k. A.
Motor; Art	vier 6-Zylinder-Boxermotoren 6 M 12 VB
Nennleistung	258 kW
Höchstgeschwindigkeit	100 km/h (mit Radfahrwerk)
Fahrbereich Straße	k.A.
Kraftstoffvorrat	k.A.
Verbrauch (Straße)	k.A.
Fahrwerksfederung	hydropneumatisch

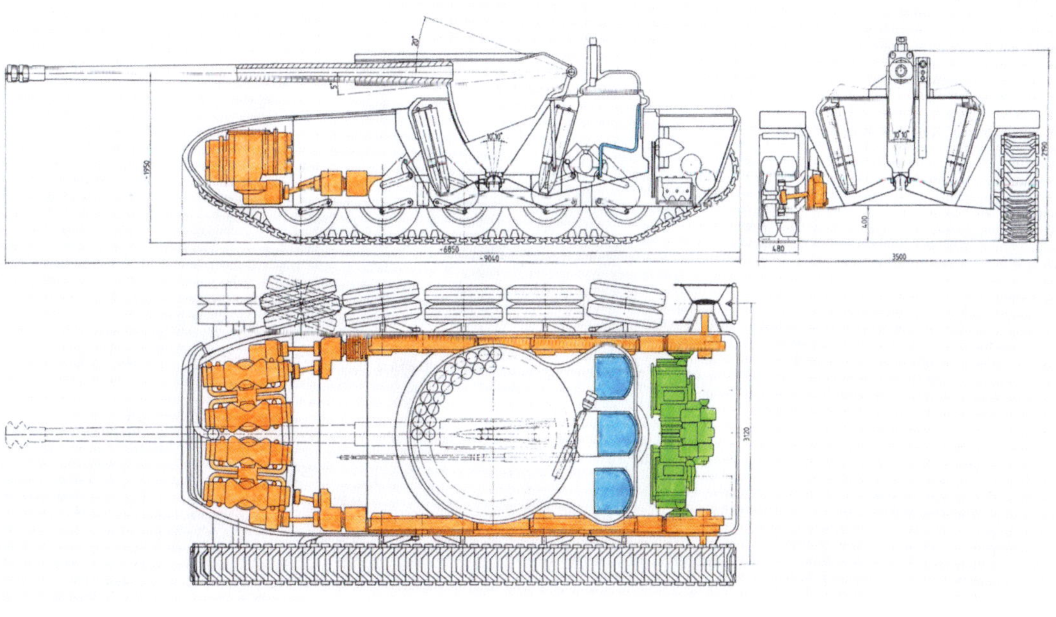

Borgward-Entwurf RRV EP 1–15.

AMX 30 Prototyp

Im Rahmen des trilateralen Abkommens zwischen Deutschland, Frankreich und Italien vom September 1958 wurde auch der Ankauf von zwei Prototypen des französischen Standard-Panzers durch Deutschland vereinbart. Allerdings wurden die Fahrzeuge erst Ende 1963 zur Erprobungsstelle 41 in Trier ausgeliefert.
Die Prototypen waren mit der französischen 105-mm-Panzerkanone ausgestattet, hierfür standen nur zwei Munitionsarten (ein drallmantelstabilisiertes Hohlladungs-Geschoss und ein Sprenggeschoss) zur Verfügung. Im Vergleich zu den deutschen Prototypen waren die französischen Fahrzeuge kleiner, schmaler und schwächer gepanzert. Mit einem Gewicht von 31,6 to haben diese Prototypen die ursprüngliche Gewichtsforderung nur knapp überschritten. Zu diesem Zeitpunkt waren die französischen Prototypen noch alle mit einem 12-Zylinder-Boxermotor ausgerüstet; sie waren den deutschen Fahrzeugen in der Leistungsfähigkeit von Antrieb und Fahrwerk deutlich unterlegen.
Ein Prototyp des AMX 30 ist glücklicherweise erhalten geblieben und befindet sich heute im Bestand der Wehrtechnischen Studiensammlung (WTS) des BWB; dort haben Wehringenieure die Gelegenheit, z. B. die sehr eigenwillige Konstruktion der Kühlanlage dieses Fahrzeugs zu studieren.

Typ	Prototyp AMX 30
Baujahr	ca. 1961
Besatzung	4 Mann
Gefechtsmasse	31,6 to
Länge Fahrgestell	6,6 m
Breite über Ketten	3,1 m
Höhe (Turmdach)	2,42 m
Hauptwaffe; Kaliber	105-mm-PzK DEFA
Munitionsvorrat	58 Schuss
Sekundärwaffe 1; Kaliber	7,62-mm-Blenden-MG
Sekundärwaffe 2; Kaliber	k. A.
Motor; Art	12-Zylinder-Boxermotor
Nennleistung	550 kW
Höchstgeschwindigkeit	65 km/h
Fahrbereich Straße	350 km
Kraftstoffvorrat	920 l
Verbrauch (Straße)	263 l/100 km
Fahrwerksfederung	Drehstab
Panzerschutz	40 mm (Bug oben)

Prototyp AMX 30 / Draufsicht: Während der Turm komplett aus Panzerstahlguss (ohne ein eingeschweißtes Dachblech aus Walzstahl) bestand, war der vordere Teil der Wanne ebenfalls gegossen – der hintere Teil bestand jedoch aus verschweißten Walzstahlplatten. Diese Konzeption wurde z.B. auch später bei Turm und Wanne des britischen KPz CHIEFTAIN verfolgt. Die auf dem Bild erkennbaren Schlitze in der Wannenseitenwand dienten zum Ansaugen der Luft für die Kühler und die Triebwerksraumbelüftung. Damit beanspruchte die Luftführung einen großen, umpanzerten Raum. Das Konzept wurde beim Vorserienmodell geändert.

Prototypen der zweiten Generation (Firmengruppe A)

Nachdem sich bei der Entwicklung der 90-mm-Rheinmetall-PzK ernsthafte Probleme einstellten, bestellte das Bundesministerium der Verteidigung im Herbst 1962 in Großbritannien 1500 Panzerkanonen (Kaliber 105 mm) des Typs L 7, die von dem britischen Staatsbetrieb Royal Ordnance Factory (ROF) in Nottingham gefertigt wurden. Gleichzeitig entschied man sich für die Beschaffung des britischen 12,7-mm-Einschieß-MG's. Durch Einbau des Einschieß-MG's in die Türme der zweiten Prototypen-Generation konnte die Turmform optimiert werden; gleichzeitig erhoffte man sich gegenüber dem optischen Entfernungsmesser eine höhere Zuverlässigkeit und eine Kosteneinsparung. Mit der Bestellung der 1500 Panzerkanonen aus Großbritannien bestand keine Aussicht mehr auf eine einheitliche Bewaffnung des deutsch-französischen Standardpanzers. Der Fahrer wurde nun auf die rechte Seite platziert, um den Munitionsbunker auf der linken Seite direkt vor dem Ladeschützen

Typ	Prototyp 2. Gen. FGrp A
Baujahr	1960/61
Besatzung	4 Mann
Gefechtsmasse	39,0 to
Länge Fahrgestell	6,83 m
Breite über Ketten	3,25 m
Höhe (Turmdach)	2,31 m
Hauptwaffe; Kaliber; Typ	105-mm-L 7 A3
Munitionsvorrat	63 Schuss
Sekundärwaffe 1; Kaliber	12,7 mm
Sekundärwaffe 2; Kaliber	7,62 mm
Motor; Art	10-Zylinder-Diesel; MB 838 Ca 500
Nennleistung	610 kW
Höchstgeschwindigkeit	65 km/h
Fahrbereich Straße	600 km
Kraftstoffvorrat	1000 l
Verbrauch (Straße)	165 l/100 km
Fahrwerksfederung	Drehstab
Panzerschutz	70 mm (Bug oben)

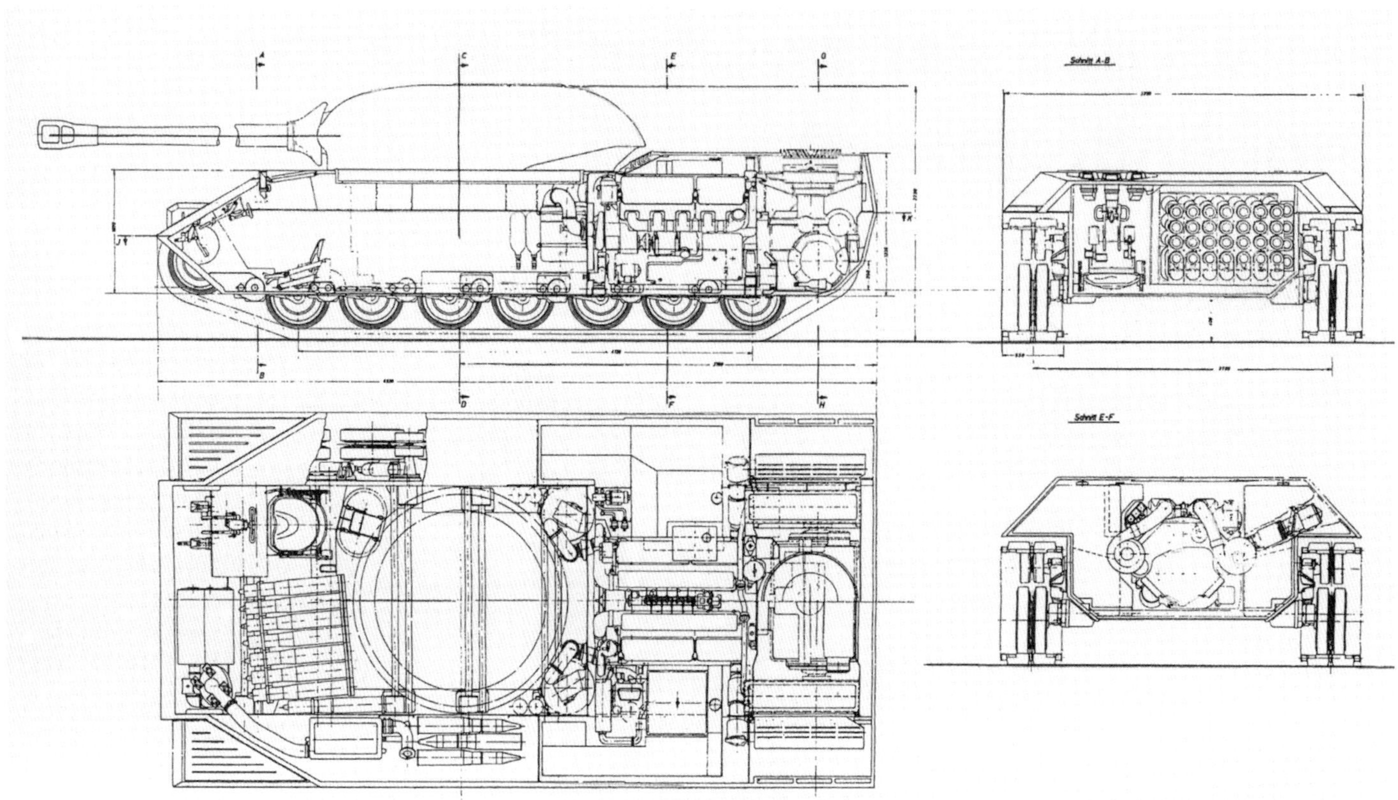

Vier- Seiten-Skizze des PT II A: Bei den Prototypen der zweiten Generation (Firmengruppe A) wurde der Munitionsbunker nunmehr auf die linke Seite (Ladeschützenseite) verlegt – der Fahrerplatz wanderte auf die rechte Seite. Auch wurden die geschobenen Schwingarme an der 6. und 7. Laufrollenstation aufgegeben. Die Anordnung von Teilen der Munition im Kampfraum sowie der Luftfilter und der Batterien entspricht noch nicht der späteren Serienversion. In diesem Entwurf war noch die Rheinmetall-Kanone vorgesehen.

Prototyp II A mit Rheinmetall-Turm: Das Bild zeigt das Fahrzeug M II 15 aus der Produktion von Fa. MaK in Munster. Gegenüber dem Wegmann-Turm fällt bei dem Rheinmetall-Turm die fehlende, markante Heckauslage auf. Auch zeigt der Turm eine andersartige Blendenkonstruktion, die in der Form allerdings schon Merkmale der späteren Blende des Serienturmes beinhaltet. Für diesen Prototypen stand bereits die britische 105-mm-Kanone zur Verfügung.

anordnen zu können. Aufgrund der Integration der 105-mm-Waffenanlage und Berücksichtigung zusätzlicher Forderungen wurde mit diesen Fahrzeugen das vorgegebene Gewichtslimit um 9 to (= 30 %) überschritten.

Im Herbst 1961 wurden die Entwicklungs- und Produktionsverträge für die Prototypen der 2. Generation an die Firmengruppen A und B vergeben. Firmengruppe A sollte 26 Fahrzeuge fertigen; Firmengruppe B sechs Fahrzeuge. Für die Fahrzeuge stand nun auch der 10-Zylinder-Dieselmotor MB 838 Ca 500 zur Verfügung, der später auch für die Serienfahrzeuge übernommen wurde. Für die Fahrzeuge wurde erstmals die Forderung nach Unterwasserfahrfähigkeit bis 4 m Wassertiefe erhoben. Die Erprobung der Prototypen der 2. Generation erfolgte im Zeitraum 1961–1963.

Das Bild zeigt das Fahrzeug J II 14 aus der Produktion von Fa. Jung-Jungenthal (Kirchen / Sieg). In dieser Phase wurde versuchsweise an Stelle des optischen Entfernungsmessers ein 12,7 mm – Einschieß - MG eingebaut, um eine in ballistischer Hinsicht bessere Turmform zu erhalten. Auch in diesen Prototypen wurde bereits die britische 105 mm - Kanone eingebaut. Die vorderen Kettenabdeckungen bestehen noch aus Metall-Teilen, die beim Heranfahren an Hindernisse oft beschädigt wurden (Folge: hohe Instandsetzungskosten!)

Prototyp II A mit Wegmann Turm / Heckansicht: Die Heckansicht zeigt noch die frühe Form von Werkzeugkasten und Außenbord-Sprechstelle an der Heckwand. Gut erkennbar ist auch der Überstand der Heckwand gegenüber der Gleiskette im Bereich des Triebrades – diese Konstruktion ist unvorteilhaft, da sie beim Herabfahren von Stufen zu Beschädigungen an den Anbauteilen an der Heckwand führt.

Prototyp II A mit Wegmann-Turm: Das Bild zeigt ein Fahrzeug während einer Vorführung in Munster. Im Hintergrund sind startende Transporthubschrauber des Typs Sikorsky H-34 erkennbar. Bei dem Fahrzeug fällt die günstige Formgebung des Turmes auf, die durch den Entfall der Ausblicke des Entfernungsmessers erreicht werden konnte.

Prototypen der zweiten Generation (Firmengruppe B)

Wegen der sich immer deutlicher abzeichnenden Unterlegenheit der Fahrzeuge der Firmengruppe B wurde aus Kostengründen die Produktion von ursprünglich sechs auf zwei Fahrzeuge reduziert. U. a. aufgrund der größeren Waffe inkl. Munition sowie aufgrund einer nochmaligen Steigerung der Panzerungsstärken stieg das Fahrzeuggewicht auf 39,6 to.

Von der Truppe wurde das 12,7-mm-Einschieß-MG als unbrauchbar abgelehnt, da es gerade beim Schießen auf größere Entfernungen zu erheblichen Abweichungen der Flugbahnen von Hauptwaffe und Einschieß-MG kam. Somit wurde die deutsche Industrie umgehend zur Neuentwicklung eines Misch-/Raumbild-Entfernungsmessers mit einer auf 1,72 m vergrößerten Basislänge beauftragt. Im Gegensatz zu der Anordnung bei den US-Kampfpanzern wurde der Entfernungsmesser bei den Türmen der Vorserienfahrzeuge beim Richtschützen platziert. Damit wurde der Kommandant nicht mit dem Feuerkampf belastet und konnte sich auf die Führung des Fahrzeugs konzentrieren.

Typ	Prototyp 2. Gen. FGrp B
Baujahr	1960/61
Besatzung	4 Mann
Gefechtsmasse	39,6 to
Länge Fahrgestell	6,83 m
Breite über Ketten	3,25 m
Höhe (Turmdach)	2,31 m
Hauptwaffe; Kaliber	105-mm-L 7 A3
Munitionsvorrat	63 Schuss
Sekundärwaffe 1; Kaliber	12,7 mm
Sekundärwaffe 2; Kaliber	7,62 mm
Motor; Art	10-Zylinder-Diesel; MB 838 Ca 500
Nennleistung	610 kW
Höchstgeschwindigkeit	65 km/h
Fahrbereich Straße	490 km
Kraftstoffvorrat	820 l
Verbrauch (Straße)	165 l/100 km
Fahrwerksfederung	Hydrop (B II 1); Drehstab (B II 2)
Panzerschutz	70 mm (Bug oben)

Prototyp II B / Laufwerksbereich: Das Bild lässt die Lage der hydropneumatischen Federungselemente an den Schwingarmen der Laufrollen erkennen. Für die Aufrechterhaltung der Kettenspannung war an der Schwinge des Leitrades ein hydraulischer Zylinder vorgesehen. Bemerkenswert sind die Durchbrüche im Leitrad, die eine bessere Selbstreinigung ermöglichen sollten.

Prototyp II B mit Rheinmetall-Turm: Das Bild zeigt ein Fahrzeug im Bestand der WTS im Verwahrlager Herongen (2006). Wie bei vielen Fahrzeugen, die mit Hydrop-Federungen ausgerüstet waren, stellt sich bei diesem Federungssystem nach langen Standzeiten ein Öl- oder Gasverlust in den Federungselementen ein, so dass die Fahrzeuge ihre Bodenfreiheit einbüßen. Bemerkenswert sind die andersartigen Konstruktionen der Heckwand sowie die Lage der Abluftgrätings (gegenüber den PT der Firmengruppe A).

Prototyp II B mit Rheinmetall-Turm: Das Bild zeigt einen Prototypen II B mit einem Rheinmetall-Turm auf dem Flugplatz in Trier-Föhren. Hier konnten im Rahmen der technischen Erprobung Hochgeschwindigkeits-Versuche durchgeführt werden. Erkennbar ist die einfachere Form der Wanne im Bug- und Seitenbereich.

Prototyp II B / Triebwerksraum: Das Bild zeigt einen Blick in den vorderen Bereich des Triebwerksraumes. Auf der linken Seite ist neben dem Hauptmotor der Hilfsmotor für die Stromerzeugung bei stehendem Haupttriebwerk erkennbar. Die Lage der Kühlluftaustritte unmittelbar neben der zentralen Ansaugöffnung ist aus thermischer Sicht suboptimal.

Vorserienversion Leopard 1

Die Erkenntnisse aus Erprobung und Truppenversuch mit den Prototypen der 1. und 2. Generation wurden bei der Konstruktion der Vorserienfahrzeuge in konsequenter Weise berücksichtigt. Dadurch konnte mit der Vorserienversion ein sehr ausgereiftes und truppentaugliches Konzept realisiert werden. Bereits im Sommer 1961 wurde mit der Entwicklung des Vorserienmodells begonnen; Anfang 1962 folgte der Beschaffungsvertrag über 50 Fahrzeuge, die bei den Firmen Jung & Jungenthal, MaK und Luther & Jordan im Zeitraum 1962–1964 gefertigt wurden.
Die relativ große Zahl an Vorserienfahrzeugen war erforderlich, um den neuen Entfernungsmesser im Truppenversuch zu untersuchen und um letzte Testreihen bei den Baugruppen auf den Erprobungsstellen durchzuführen.
Bei der Vorserienversion wurde eine Vielzahl von Verbesserungen eingebracht. U. a. erhielt das Fahrzeug erstmals eine aktive IR-Ausstattung für den Nachtkampf. Die Generatorleistung wurde auf 7 kW erhöht, dadurch konnte auf einen Hilfsmotor verzichtet werden. Turm mit Blende sowie Triebwerksraumabdeckung und Kühlluft-Auslassgrätings wurden gegenüber den Prototypen der 2. Generation nochmals geändert. Das Gefechtsgewicht erreichte die 39,6 to.

Typ	Vorserie Leopard 1
Baujahr	1961/62
Besatzung	4 Mann
Gefechtsmasse	39,6 to
Länge Fahrgestell	7,0 m
Breite über Ketten	3,25 m
Höhe (Turmdach)	2,39 m
Hauptwaffe; Kaliber; Typ	105-mm-L 7 A3 L/ 51
Munitionsvorrat	62 Schuss
Sekundärwaffe 1; Kaliber	7,62 mm
Sekundärwaffe 2; Kaliber	7,62 mm
Motor; Art	10-Zylinder-Diesel; MB 838 Ca 500
Nennleistung	610 kW bei 2200 Upm
Höchstgeschwindigkeit	65 km/h
Fahrbereich Straße	650 km
Kraftstoffvorrat	1020 l
Verbrauch (Straße)	157 l/100 km
Fahrwerksfederung	Drehstab
Panzerschutz	70 mm (Bug oben)

Vorserienversion Leopard 1 und AMX 30.

Vorserienfahrzeug beim Erklettern einer Spundwand: Mit dem Vorserienfahrzeug wurden in der Kieler Förde erste Versuche zur Unterwasserfahrt durchgeführt. Hierzu wurde auf die Öffnung der Kommandantenluke der Unterwasser-Fahrschacht aufgesetzt. Die scharfe Oberkante der Spundwände ermöglichte einen Formschluss mit der Gleiskette und damit eine optimale Traktion. Bei dieser Aktion führte der Kommandant in dem UW-Fahrschacht extrem große Winkelbewegungen aus – und setzte ein entsprechend starkes Nervenkostüm und ein stabiles Kreislaufsystem voraus.

Vorserienfahrzeug beim Tiefwaten: Nach Betätigung der »Tauchhydraulik« und dem Verschließen der Öffnungen für Turmzielfernrohr, Blenden-MG und Hauptwaffe war das Vorserienfahrzeug nach wenigen Minuten der Vorbereitung tiefwatfähig. Kritisch ist bei dieser Aktion die Gefahr, dass Schwallwasser in die geöffnete Kommandantenluke eindringt.

Vorserienfahrzeug mit SPz HS 30: Diese Werbeaufnahme sollte das Zusammenwirken von Panzern und Schützenpanzern demonstrieren. In der Realität war der SPz HS 30 nie in der Lage, dem KPz Leopard 1 auf dem Gefechtsfeld (geschwindigkeitsmäßig) zu folgen. Auch bestanden erhebliche Unterschiede im Schutzniveau.

Turm eines Vorserienfahrzeugs bei der technischen Erprobung. Das Bild zeigt einen Vorserienturm auf der OBP (ortsfesten Bewegungsplattform) zur Erprobung der Waffenstabilisierung auf der damaligen Erprobungsstelle E 91 in Meppen. Auf dieser Plattform konnten durch hydraulische Antriebe typische Bewegungen in allen drei Achsen simuliert werden, wie sie bei Geländefahrt auf den Turm einwirkten. Auf dem Bild ist auch die relative große Form der Blende erkennbar – diese sollte bei der Serienversion nochmals optimiert und verkleinert werden. Ebenso wurde in der Serie für die Ladeschützenluke eine runde Form vorgesehen – damit ergaben sich Gleichteile zur Kommandantenluke.

Vorserienversion AMX 30

Im Juni 1963 – also wenige Monate vor der offiziellen trilateralen Vergleichserprobung des deutschen und des französischen Modells – wurde der Öffentlichkeit in Frankreich das Vorserienmodell des AMX 30 präsentiert. Gegenüber den noch etwas klobig wirkenden Prototypen machte die Vorserienversion einen deutlich gefälligeren Eindruck. Der Turmhals fiel weg und der Turm wurde insgesamt flacher und länger gestaltet. Im Fahrgestell wurden Triebwerksraum und Kühlanlage inkl. Kühlluftführung deutlich kompakter ausgeführt; insgesamt ist das Fahrzeug deutlich kleiner und leichter als das deutsche Modell – hier macht sich u. a. die unterschiedliche ergonomische Auslegung der Bedienstände bemerkbar. Bemerkenswerterweise wurde in der flachen Kommandantenkuppel ein 12,7-mm-MG installiert. Von den sieben Vorserienfahrzeugen waren noch sechs mit dem Ottomotor ausgestattet, während im siebten Fahrzeug erstmals die Vielstoffvariante des 12-Zylinder-Boxermotors eingebaut wurde. Bei der Vorführung überzeugten die Fahrzeuge u. a. durch ihre Fähigkeit zur Unterwasserfahrt und durch die Treffgenauigkeit der Waffe. Hier spielte sicherlich der neue Entfernungsmesser mit einer Basislänge von 2 m eine entscheidende Rolle.

Gegenüber dem Vorserienmodell des Leopard weist der AMX 30 eine wartungsintensive Fliehkraftkupplung auf (Leopard: Drehmomentwandler); die Fahrerluke liegt beim AMX 30 beschusstechnisch ungünstig in der Bugschräge und der Triebwerkswechsel dauert ca. 45 min (Leopard: ca. 15–20 min).

Damals gab es eine Meinung in Fachkreisen, dass der AMX 30 über den besseren Turm, und der Leopard 1 über das leistungsfähigere Fahrgestell verfügte.

Typ	Vorserie AMX 30
Baujahr	1962
Besatzung	4 Mann
Gefechtsmasse	32,5 to
Länge Fahrgestell	6,59 m
Breite über Ketten	3,10 m
Höhe (Turmdach)	2,28 m
Hauptwaffe; Kaliber	105-mm-DEFA
Munitionsvorrat	56 Schuss
Sekundärwaffe 1; Kaliber	12,7-mm-Fla-MG
Sekundärwaffe 2; Kaliber	7,62-mm-Blenden-MG
Motor; Art	12-Zylinder-Boxermotor Sofam 12 GSdS
Nennleistung	530 kW bei 2800 Upm
Höchstgeschwindigkeit	65 km/h
Fahrbereich Straße	480 km
Kraftstoffvorrat	1200 l
Verbrauch (Straße)	250 l/100 km
Fahrwerksfederung	Drehstab
Panzerschutz	70 mm (Bug oben)

Hitzeerprobung

Um Funktionen und Leistungsfähigkeit des KPz Leopard 1 unter extremer Hitze- und Staubentwicklung zu prüfen, wurden im Sommer 1964 mit zwei Vorserienfahrzeugen umfangreiche Fahr- und Schießuntersuchungen in Venetien sowie auf der Insel Sardinien – auch mit Einsatz italienischer Panzerbesatzungen – durchgeführt. Bei den Dauerfahrtests zeigte sich, dass die Kühlanlage einen uneingeschränkten Motorbetrieb bis zu einer Außentemperatur von +39 Grad Celsius zuließ. Die hohe Staubkonzentration (teilweise über 3 g/m^3) erforderte eine Überarbeitung der Luftfilteranlage. Weitere Verbesserungen in dieser Hinsicht wurden durch die vorgesehene Anbringung von Laufwerksschürzen erwartet. Die hohen Außentemperaturen führten zu einem deutlich höheren Bandagenverschleiß, auch war aufgrund zu hoher Temperaturen im Kraftstoffsystem (Dampfblasenbildung) unter diesen Bedingungen ein Vielstoffbetrieb des Motors nicht mehr möglich.

Die Schießerprobung zeigte überraschenderweise einen starken Einfluss der Sonneneinstrahlung auf die statische Rohrverbiegung; die Nachrüstung mit einer Rohrschutzhülle war dringlich. Unter den ariden Bedingungen führte die Schlierenbildung in den Luftschichten dazu, dass bei der Nutzung des Entfernungsmessers das Mischbildverfahren nicht angewendet werden konnte – demgegenüber zeigte das Raumbildverfahren bessere Ergebnisse.
Insgesamt zeigten sich die italienischen Panzerbesatzungen beeindruckt von dem Leistungsvermögen und der Zuverlässigkeit der Vorserienfahrzeuge. Die harten Erprobungen in den Jahren zuvor hatten sich ausgezahlt! Nach Belgien, den Niederlanden und Norwegen hat sich Ende 1969 auch Italien – als vierter NATO-Staat – für die Einführung des KPz Leopard 1 entschieden.

Kälteerprobung

Neben der Hitzeerprobung sollte auch unter einsatznahen Bedingungen das Verhalten des KPz Leopard 1 unter strengen winterlichen Bedingungen überprüft werden. Hierzu wurden Anfang 1966 in Camp Shilo (Kanada) und Anfang 1967 an der norwegischen Panzertruppenschule umfangreiche Untersuchungen durchgeführt; die Außentemperaturen betrugen teilweise bis -44 Grad Celsius.

Die Fahrzeuge erwiesen sich grundsätzlich als wintertauglich; dennoch zeigten die Tests in Einzelbereichen noch Notwendigkeiten zur Verbesserung auf. So erwies sich die Kampfraumheizung im Dauerbetrieb als nicht ausreichend zuverlässig; auch die Wärmeverteilung im Kampfraum musste überarbeitet werden. Bei Geländefahrt im Tiefschnee kam es zeitweilig zur völligen Vereisung bzw. zum Zusetzen des Ansauggrätings für die Motor-Brennluft. Auch hier erwartete man durch die vorgesehene Laufwerksschürze eine Verbesserung.

Die voll gummierte Gleiskette D 139 hat sich unter winterlichen Bedingungen nur bedingt bewährt; insbesondere auf festgefahrener Schneedecke waren zwingend Hilfsmittel zur Traktionsverbesserung erforderlich. Bei der damals schon in der Entwicklung befindlichen Systemkette D 640 A wurden entsprechende Möglichkeiten zum Einsetzen von Schneegreifern und Eisdornen berücksichtigt. Interessanterweise hat in Einzelfällen gefrierendes Schmelzwasser, welches von der Triebwerksraumabdeckung in die Turmfuge gelangte, nach dem Abstellen der Fahrzeuge über Nacht zu einem Blockieren des Turmes geführt!

Serienversionen Bundeswehr

Übergabe des ersten Serienfahrzeugs

Nach nur neunjähriger Entwicklungszeit konnte am 9. September 1965 Fa. Krauss-Maffei AG in München das erste Serienfahrzeug an die Bundeswehr ausliefern. Fa. Krauss-Maffei AG hatte damals unter vier Bewerbern die Ausschreibung des BWB als Generalunternehmer (GU) für die Serienfertigung des Leopard 1 gewonnen, obgleich das Unternehmen nicht an der Entwicklung des Leopard 1 beteiligt war! (Fa. Krauss-Maffei hatte allerdings bereits im 2. Weltkrieg ca. 2000 Halbkettenund leichte Panzerfahrzeuge gebaut). Fa. Krauss-Maffei AG war als GU für die Gesamtkoordinierung des Programms verantwortlich. Der KPz Leopard 1 besteht aus ca. 11.400 Einzelteilen, die von 2700 Firmen produziert werden. Für die Fertigung dieser Teile waren 4600 Zeichnungen erforderlich. Als direkte Zulieferfirmen für Fa. Krauss-Maffei AG fungierten immerhin noch 520 Unternehmen.

Übergabe des ersten Serienfahrzeugs.

Nach der offiziellen Begrüßungsrede übergab am 5.9.1965 der Sprecher des Vorstandes der Krauss-Maffei AG das erste Serienfahrzeug an den damaligen Verteidigungsminister, Herrn Kai-Uwe von Hassel. Dieser übergab symbolisch den Schlüssel weiter an den damaligen Inspekteur des Heeres (General de Maiziere), der schließlich den Schlüssel an die Panzerbesatzung des Panzer-Lehrbataillons 93 aus Munster weiter reichte.
Aufgrund der systematischen Entwicklung und den sehr umfangreichen Erprobungen konnte mit dem Leopard ein ausgesprochen zuverlässiges, leistungsfähiges und truppentaugliches Waffensystem übergeben werden. Vor Realisierung des ersten Serienfahrzeugs wurden 82 Prototypen und Vorserienfahrzeuge gebaut, erprobt und verbessert. Dieser Aufwand hat sich gelohnt – wie später auch die Verbreitung des Leopard 1 auf dem internationalen Panzermarkt zeigen sollte. Die Entwicklungskosten betrugen bis zur Serie 249.030 DM. Mit Zuführung des Leopard 1 konnte sukzessive der KPz M 47 im Rahmen eines Halbgenerationswechsels abgelöst werden.

Produktion Fahrgestell

Für die Produktion des KPz Leopard 1 hatte Fa. Krauss-Maffei AG – neben einem Hochregallager und einer aufwändigen Teststrecke – eine Montagestraße mit 17 Einzeltakten erstellt. Einige Hauptbaugruppen – u. a. Wannengehäuse, Motor, Getriebe und Turm – wurden von den Unterlieferanten direkt der Endmontage zugeführt.
Auf Taktstand 1 wurde das Wannengehäuse auf einen Schlitten aufgelegt; in einem ersten Arbeitsgang wurden Drehstäbe, Schwingarme und Laufrollen montiert. Ab Taktstand 2 konnte das Fahrgestell dann auf eigenen Rädern rollen. In den Folgetakten wurden alle Einzelteile und Baugruppen inkl. Verkabelung montiert. Einige Taktstände dienten ausschließlich zur Durchführung von Kontrollarbeiten und Funktionsprüfungen im Rahmen der Qualitätssicherung. Auf den beiden letzten Taktständen wurden die Ketten montiert und der Turm aufgesetzt, sodass anschließend das Fahrzeug mit eigener Kraft die Halle verlassen und auf die Testbahnen fahren konnte. Wenn das Fahrzeug alle Prüfungen (u. a. am Steil- und Querhang sowie im Tiefwatbecken) absolviert hatte, wurde es inkl. Prüfprotokollen dem Vertreter des Güteprüfdienstes der Bundeswehr zur Übergabe vorgestellt. Für die Montage eines Fahrzeugs bei Fa. Krauss-Maffei wurden ca. 2 Tage benötigt.

Serienfahrzeug bei Feldparade: Das Bild zeigt ein Serienmodell des dritten Loses bei einer Feldparade auf dem Nürburg-Ring. Gegenüber der Vorserie wurde die Form der Blende nochmals optimiert (verkleinert). Die seitlichen Ausblickköpfe des optischen Entfernungsmessers führen zu einer suboptimalen Gestaltung der Turmform.

ausgetauscht. In Verbindung mit dem IR-/Weißlicht-Schießscheinwerfer war ein Feuerkampf bis auf Entfernungen von ca. 1000 m möglich. Eine Entfernungsmessung war nachts nicht möglich; alle Korrekturwerte mussten von dem Kommandanten selbst berücksichtigt werden.

Serienfahrzeug im Testgelände von Fa. KM: Auf dem Bild ist sehr gut die ursprüngliche, vollgummierte Kette D 139 mit den V-förmigen Profilen erkennbar. Mit dieser Kette zeigte das Fahrzeug im Winter auf einer festgefahrenen Schneedecke ein nicht mehr kontrollierbares Fahrverhalten; allerdings war diese Kette leichter als die später eingeführte Systemkette D 640 und führte zu einer geringeren Schwingungsanregung (Vibration). Im Wannenboden ist die Kontur der Notausstiegsluke erkennbar.

Bei Ausfall des Bordnetzes war für alle relevanten Funktionen (Zielen – Richten – Abfeuern) ein entsprechender (manueller) Notbetrieb vorgesehen.
Bezüglich der taktischen und operativen Beweglichkeit nahm der KPz Leopard 1 eine Spitzenposition unter den damaligen Kampfpanzern ein. Der durchzugsstarke 10-Zylinder-Dieselmotor MB 838 CaM 500 von Fa. MTU mit einer Nennleistung von 611 kW führte zu einer überdurchschnittlich hohen spezifischen Antriebsleistung von 15,3 kW/to. Da der Motor über einen mechanischen Kompressor aufgeladen wird, ergab sich auch ein gutes Lastannahmeverhalten. Ein wesentlicher Fortschritt gegenüber den US-Kampfpanzern war der Übergang zum Dieseltriebwerk. Hierdurch ergab sich nicht nur ein sehr viel günstigeres Verbrauchsverhalten mit 165 l/100 km im Straßenbetrieb (M 48 A2: ca. 500 l/100 km), sondern auch eine reduzierte Verwundbarkeit des Fahrzeugs. Das Zweiradien-Überlagerungslenkgetriebe von Fa. ZF erwies sich bei den Prototyp-Erprobungen als die beste Lösung. Ein verschleißfrei arbeitender Drehmomentwandler stellt bei Bedarf ein hohes Anfahrmoment zur Verfügung. Durch ein leistungsfähiges Laufwerk mit jeweils sieben drehstabgefederten Laufrollen pro Seite konnte die hohe Motorleistung auch im Gelände in eine hohe Beweglichkeit umgesetzt werden. Der Gesamtfederweg beträgt an einzelnen Laufrollen bis zu 407 mm; pro Fahrwerksseite stehen fünf hydraulische Teleskop-Dämpfer zur Verfügung, um ein günstiges Schwingungsverhalten des Fahrzeugs zu erreichen. Zum Serienbeginn wurden die Fahrzeuge mit der gummiummantelten Verbinderkette D 139 ausgeliefert. Diese Kette musste beim Verschleiß der V-förmigen Profile komplett ausgesondert werden und zeigte darüber hinaus bei winterlichen Verhältnissen eine ungenügende Traktion. Diese Nachteile wurden durch die später eingeführte Systemkette D 640 A beseitigt.
Da es bereits in den 1960er Jahren Hohlladungs-Gefechtsköpfe mit Durchschlagsleistungen von 400–500 mm Panzerstahl gab, wurde bei der Konzeption des Leopard 1 der Wettlauf mit der Munitionswirkung aufgegeben und der ballistische Schutz auf Wandstärken von max. 70–100 mm begrenzt. Zum Schutz im erweiterten Sinne dienten auch eine ABC-Schutzbelüftungsanlage sowie eine Nebelwurfanlage mit 2 x 4 Bechern.

Serienfahrzeug auf dem Truppenübungsplatz Munster-Nord: Ein Serienfahrzeug des dritten Loses (3. Kp / PzlehrBtl 93) während einer Übung auf dem TrÜbPlatz Munster – Nord. Die linke, vordere Kettenabdeckung ist verloren gegangen bzw. abgerissen. Dieses Fahrzeug verfügt bereits über die neue Systemkette D 640 mit den auswechselbaren Kettenpolstern. Die Befestigung der Schneegreifer auf der oberen Bugplatte fehlt noch. Bei der älteren Bauform dieser Kette konnten bei Bedarf auch noch Eisdorne im Bereich der Mittenverbinder eingesetzt werden.

Vergleich KPz Leopard 1 und KPz Chieftain: Das Bild zeigt die wuchtigere Hauptwaffe des KPz Chieftain. Interessant sind die unterschiedlichen Kettenkonstruktionen: KPz Chieftain: Scharnierkette; KPz Leopard 1: Endverbinderkette. Der blendenlose Einbau der Hauptwaffe beim KPz Chieftain ermöglicht zwar einen besseren Schutz der Turmfront – dafür benötigt man für den Ausbau der Hauptwaffe viele Stunden (Waffe wird durch die geöffnete Turmheckwand nach hinten herausgezogen); der Ausbau der Hauptwaffe beim KPz Leopard 1 ist dagegen in ca. 30 min erledigt.

Weiterhin war im Triebwerksraum eine automatische Feuerlöschanlage eingebaut.
Die Beschaffungskosten für die ersten Serienfahrzeuge beliefen sich auf 974.000 DM pro Stück. Durch Nachrüstungen und Modernisierungsmaßnahmen (sowie durch die Inflation) stieg der Stückpreis später bis auf 2,5 Mill. DM (Leopard 1 A4) an.

Vergleich KPz 70 PT und KPz Leopard 1: Dieses Bild ermöglicht einen interessanten Vergleich der beiden Kampfpanzer: Wegen der Unterbringung des Fahrers in der Wanne beim Kpz Leopard 1 ist die Wannenoberkante höher als beim KPz 70. Durch den höheren Turm beim KPz 70 ergibt sich allerdings in der Gesamthöhe bis zum Turmdach am Ende kein nennenswerter Unterschied. Zu beachten ist der deutlich längere Turm beim KPz 70, der im hinteren Teil den Ladeautomaten aufnimmt.

Typ	Leopard 1
Einführungszeitraum	1965–1970
Besatzung	4 Mann
Gefechtsmasse	40,0 to
Länge Fahrgestell	6,94 m
Breite über Ketten	3,25 m
Höhe (Turmdach)	2,39
Hauptwaffe; Kaliber; Typ	105-mm-L 7 A3 L/51
Munitionsvorrat	60 Schuss
Sekundärwaffe 1; Kaliber	7,62-mm-Blenden-MG
Sekundärwaffe 2; Kaliber	7,62-mm-Fla-MG
Motor; Art	MB 838 CaM 500;10-Zyl.-Diesel; Kompressor
Nennleistung	610 kW
Höchstgeschwindigkeit	65 km/h
Fahrbereich Straße	560 km
Kraftstoffvorrat	985 l
Verbrauch (Straße)	175 l/100 km
Fahrwerksfederung	Drehstab
Panzerung Bug	70 mm (30 Grad)

AMX 30 (Serienversion)

Ein Jahr nach Produktionsbeginn des Leopard 1 wurden im Jahr 1966 die ersten KPz AMX 30 an die französische Armee ausgeliefert. Der AMX 30 war mit 36 to zwar 4 to leichter als der Leopard 1, wies aber aufgrund des geringeren Motorisierungsgrades und des weniger leistungsfähigen Laufwerks eine geringere Beweglichkeit auf. Der AMX 30 erhielt die eigenständig in Frankreich entwickelte 105-mm-PzK CN-105-F1, die mit 56 Kaliberlängen etwas länger war als die Hauptwaffe des Leopard 1 (L/51). Für die Panzerkanone des AMX 30 standen ein Hohlladungsgeschoss, ein Sprenggeschoss sowie Leucht- und Nebelmunition zur Verfügung. Das HL-Geschoss »Obus G« war ein drallmantelstabilisiertes Geschoss, bei dem die Hohlladung auf Kugellagern ruhte. Damit wurde der Geschossdrall nicht auf den HL-Gefechtskopf übertragen und eine relativ hohe Durchschlagsleistung von > 360 mm in Panzerstahl (RHA) (entfernungsunabhängig) er-

Typ	AMX 30
Einführungszeitraum	1966–1981
Besatzung	4 Mann
Gefechtsmasse	36 to
Länge Fahrgestell	6,59 m
Breite über Ketten	3,10 m
Höhe (Turmdach)	2,29 m
Hauptwaffe; Kaliber	105-mm-L/56; CN-105-F1
Munitionsvorrat	47 Schuss
Sekundärwaffe 1; Kaliber	20 mm
Sekundärwaffe 2; Kaliber	7,62 mm
Motor; Art	12-Zyl.-Diesel
Nennleistung	530 kW
Höchstgeschwindigkeit	65 km/h
Fahrbereich Straße	420 km
Kraftstoffvorrat	970 l
Verbrauch (Straße)	230 l/100 km
Fahrwerksfederung	Drehstab
Panzerung (Bug)	79 mm (16 Grad)

reicht. Allerdings war das Geschoss extrem teuer. Der Munitionsvorrat war mit 47 Schuss geringer als beim Leopard 1 (60 Schuss). Als Sekundärwaffen standen ein 7,62-mm-MG an der Kommandantenkuppel sowie eine achsparallele 20-mm-Maschinenkanone links neben der Hauptwaffe zur Verfügung. Im Gegensatz zum Leopard 1 wurde beim AMX 30 der Entfernungsmesser (Basislänge: 2 m) dem Kommandanten zugeordnet, der damit zusätzlich mit Aufgaben des Feuerkampfes belastet war. Als Antrieb diente ein mehrstofffähiger 12-Zylinder-Boxermotor mit einer Nennleistung von 530 kW. Das Getriebe verfügte an Stelle eines Drehmomentwandlers über eine Fliehkraftkupplung. Das Fahrwerk war mit fünf drehstabgefederten Laufrollen weniger leistungsfähig; der maximale Gesamtfederweg betrug 278 mm (Leopard 1: 407 mm). Um Gewicht zu sparen, wurde für den AMX 30 eine Scharnierkette vorgesehen; da die Kettenbolzen über keine Gummilagerung verfügten, betrug die Lebensdauer maximal 3000 km (Leopard 1: ca. 6000 km).

Der Turm des AMX 30 war aus einem Stück gegossen; ebenso war der Wannenbug ein Gussteil, während der Rest der Wanne aus verschweißten Panzerstahlplatten bestand. Für das französische Heer wurden im Zeitraum 1966–1981 insgesamt 1340 Fahrzeuge gebaut; weitere 1000 Fahrzeuge wurden in acht Länder (Leopard: zwölf Nationen) exportiert.

Leopard 1 A1

Mit der ersten Kampfwertsteigerungs-Maßnahme wurden zahlreiche Verbesserungen beim KPz Leopard 1 umgesetzt, die z. T. bereits während der Prototypenentwicklung begonnen und untersucht wurden – aber bis zum Herbst 1965 nicht mehr die Serienreife erlangten. Ab 1972 begann die Umrüstung der bislang produzierten Fahrzeuge (Los 1–4) mit folgenden Maßnahmen:

- im Laufwerksbereich wurden Kettenschürzen, bestehend aus gummierten Lochblechen montiert; hierdurch konnte der Flankenschutz gegen Beschuss mit HL-Munition verbessert werden. Darüber hinaus wurde durch die Kettenschürzen die Staubbelastung für die Luftfilter verringert. Für Arbeiten am Laufwerk (z. B. Kettenspannen) konnten die vier Schürzenteile einer Seite um 180 Grad hochgeklappt und arretiert werden. Interessanterweise wurde die Unterkante der Kettenschürzen aus Gründen der Tarnung wechselweise abgeschrägt (weil in der Natur keine waagerechten Kanten vorkommen). In der Truppe wurde häufig das 4. Schürzenelement im Bereich des Triebrades ausgeschnitten, um die Selbstreinigung des Triebrades zu ermöglichen.
Durch die Laufwerksschürzen verbreiterte sich das Fahrzeug um 2 x 6 cm von 3250 mm auf 3370 mm.
- in 1972 stand für den Leopard 1 nunmehr auch die DIEHL-Systemkette D 640 A mit austauschbaren Kettenpolstern zur Verfügung. Die Kettenpolster wurden seitlich in eine Schwalbenschwanzführung eingeschoben (eine Verschraubung der Kettenpolster wurde von der Bundeswehr aus Sicherheitsgründen abgelehnt). Eine Sicherheitszunge hielt das Kettenpolster im Fahrbetrieb sicher in seiner Position. Im Winter-

Typ	Leopard 1 A1
Einführungszeitraum	ab 1972
Besatzung	4 Mann
Gefechtsmasse	41,5 to
Länge Fahrgestell	6,94 m
Breite über Ketten	3,25 m
Höhe (Turmdach)	2,39 m
Hauptwaffe; Kaliber	105-mm-L 7 A3; L/51
Munitionsvorrat	60 Schuss
Sekundärwaffe 1; Kaliber	7,62-mm-Blenden-MG
Sekundärwaffe 2; Kaliber	7,62-mm-Fla-MG
Motor; Art	MB 838 CaM 500;10-Zyl.-Diesel; Kompressor
Nennleistung	610 kW
Höchstgeschwindigkeit	65 km/h
Fahrbereich Straße	560 km
Kraftstoffvorrat	985 l
Verbrauch (Straße)	175 l/100 km
Fahrwerksfederung	Drehstab
Panzerung Bug	70 mm (30 Grad)

KPz Leopard 1 A1: Diese Version war die erste Kampfwertsteigerungsstufe und beinhaltete die Ausrüstung der Fahrzeuge mit einer Laufwerksschürze. Durch die Schürze konnte eine leichte Verbesserung des Schutzes in diesem Bereich erreicht werden (insbesondere Hohlladungschutz bei Schrägbeschuss). Die abgewinkelte Unterkante der Schürze sollte die Tarnung verbessern, da durchgehend waagerechte Kanten in der Natur nicht vorkommen.

betrieb konnten an jedem 8. bis 10. Kettenglied die Kettenpolster durch Schneegreifer ausgetauscht werden. Die Standardausstattung betrug 20 Schneegreifer pro Fahrzeug; bei Nichtgebrauch wurden die Teile in Halterungen auf der Bugplatte gelagert. Bei der frühen Version der Kette D 640 A bestand auch noch die Möglichkeit zum Einsetzen von Eisdornen,

- Adaption einer Waffenstabilisierungsanlage (WSA 1); damit konnte die Zeit im Schießhalt zur Abgabe des treffsicheren Schusses erheblich verkürzt werden. In Verbindung mit der Einrüstung der WSA wurden rechts neben der Hauptwaffe im Kampfraum Schutzgitter montiert, um Verletzungen bei Richtschützen und Kommandanten im stabilisierten Betrieb der HW zu vermeiden; der Richtschütze erhielt ein Bediengerät zur Durchführung des Driftabgleichs für die WSA,
- das Rohr der Panzerkanone erhielt eine Rohrschützhülle (Wärmeschutzhülle) aus Leichtmetall-Elementen. Damit konnte der Rohrverzug infolge von äußeren Witterungseinflüssen deutlich reduziert werden.

Leopard 1 A1A1

Die auf der vorangegangenen Seite beschriebene Version Leopard 1 A1 hatte nur eine relativ kurze Nutzungsdauer, da im Zeitraum 1975–1977 ein weiteres Nachrüstprogramm für die Fahrzeuge der Lose 1–4 realisiert wurde; dies führte zur Version Leopard 1 A1A1. Im Rahmen dieses Kampfwertsteigerungs-Programms wurden 1225 Fahrzeuge der Version Leopard A1 umgerüstet (Fahrzeuge der Version A2 und A3 waren nicht betroffen). Im Rahmen der Umrüstung auf die Version Leopard 1 A1A1 wurden u. a. folgende Maßnahmen durchgeführt:

- Adaption einer Zusatzpanzerung an Turm und Blende. Die Zusatzpanzerung bestand an der Blende aus bis zu 40 mm starken Panzerstahlblechen. Am Turm bestand die Zusatzpanzerung aus gummierten Panzerstahlplatten in unterschiedlicher Stärke. Die Befestigung der Zusatzpanzerung an Turm und Blende erfolgte durch sogenannte »shock-mounts«, durch die eine gewisse Schockdämpfung bei Treffern erreicht

Typ	Leopard 1 A1A1
Einführungszeitraum	ab 1975
Besatzung	4 Mann
Gefechtsmasse	42,2 to
Länge Fahrgestell	6,94 m
Breite über Ketten	3,25 m
Höhe (Turmdach)	2,39 m
Hauptwaffe; Kaliber	105-mm-L 7 A3 L/51
Munitionsvorrat	60 Schuss
Sekundärwaffe 1; Kaliber	7,62-mm-Blenden-MG
Sekundärwaffe 2; Kaliber	7,62-mm-Fla-MG
Motor; Art	MB 838 CaM 500;10-Zyl.-Diesel; Kompressor
Nennleistung	610 kW
Höchstgeschwindigkeit	65 km/h
Fahrbereich Straße	560 km
Kraftstoffvorrat	985 l
Verbrauch (Straße)	175 l/100 km
Fahrwerksfederung	Drehstab
Panzerung Bug	70 mm (30 Grad)

KPz Leopard 1 A1A1: Bei dieser Kampfwertsteigerungsstufe wurden die Fahrzeuge u.a. mit einer Zusatzpanzerung des Turmes nachgerüstet. Die Blende wurde mit 40 mm starken Stahlplatten verstärkt. Die Zusatzpanzerung sollte Schutz bieten gegen Beschuss aus der 100-mm-PzK auf mittlere Kampfentfernungen und gegen Beschuss aus der 115-mm-Glattrohrkanone auf größere Kampfentfernungen. Das abgebildete Fahrzeug wurde darüber hinaus mit dem passiven Nachtsehgerät PZB 200 nachgerüstet. Auf der oberen Bugplatte waren nunmehr die Schneegreifer platziert.

KPz Leopard 1 A1A1 an einer Stufe: Bei einer Vorführung von Gefechtsfahrzeugen des Heeres an der Tribüne Süd in Munster überklettert dieses Fahrzeug mit leichter Marschtarnung eine ca. 1 m hohe Stufe. Auf dem Bild ist die hohe Verwundbarkeit des Weißlicht-/IR-Schießscheinwerfers offenkundig. Das Gerät verfügt über keinerlei Schutz und würde im Gefecht durch Treffer kleinster Splitter sofort funktionsunfähig.

KPz Leopard 1 A1A1 in versteckter Stellung: Das im Bereich eines Waldrandes platzierte Fahrzeug wurde durch aufwändige Installation eines Tarnnetzes gegen Aufklärung aus der Luft optimal geschützt. Auf der Hauptwaffe ist die Trägerplatte mit den Wirkkörpern des Kanonen-Abschuss-Darstellungs-Gerätes (KADAG) installiert.

KPz Leopard 1 A1A1 neben einem KrKw M 113 A1 G: Das Bild verdeutlicht den Größenunterschied zwischen dem KPz Leopard 1 und dem M 113. Die Besatzung des KPz hat zwischen den Abluftgrätings die vier Verzurrketten für den Eisenbahntransport verstaut – eine damals in der Truppe gängige Praxis.

werden sollte. Der Heckkorb wurde ebenfalls mit dünneren Lochblechen in einer Gummierung belegt. Auch die vordere Dachschräge des Turmes wurde mit ca. 25 mm starken Platten verstärkt, sodass im Frontbereich des Turmes der Schutz gegen die 100-mm-Wuchtmunition der KPz T-54/55 deutlich verbessert wurde. Durch die leichte Zusatzpanzerung im Heckbereich wurde insbesondere der Schutz gegen HL-Munition (Panzerabwehr-Handwaffen) erheblich verbessert.

Neben der Zusatzpanzerung an Blende und Turm wurden bei der Version Leopard 1 A1A1 noch folgende Änderungen durchgeführt:

- Ersatz der Filztaschen in der zweiten Stufe des Luftfilters durch robustere Filterpatronen in einem Metallgehäuse,
- Möglichkeit zum Mitführen eines Tiefwatschachtes (ca. 400 mm hoch), der bei Gewässerüberwindung auf die Kommandanten-Luke aufgesetzt werden konnte, um beim Ein- und Ausfahren ein Eindringen von Schwallwasser in die Luke zu verhindern,
- zusammen mit dem Tiefwatschacht wurden die Fahrzeuge auch mit längeren Abschleppseilen (5 m) ausgerüstet; hierzu musste u. a. das vordere Seilauge im Bereich der Kettenschulter verlegt werden,
- Mitte der 1970er Jahre konnte für den Fahrer ein passiv arbeitendes Nachtsichtgerät realisiert werden, welches nach dem Prinzip der Restlichtverstärkung arbeitete. Dadurch wurde das bislang verwendete IR-Fahrergerät ersetzt, welches zum Betrieb stets aktive Lichtquellen (Scheinwerfer mit IR-Filterscheiben) erforderte. Um auch bei extremer Dunkelheit den Fahrbetrieb sicher zu stellen, wurde mit dem neuen Nachtsichtgerät ein zusätzlicher Tarnscheinwerfer eingeführt, der anstelle des rechten Fahrscheinwerfers in die Halterung eingeschraubt wurde. Um den in diesem Fall nicht benötigten Fahrscheinwerfer aufnehmen zu können, wurde eine zweite Blindbuchse auf die Bugplatte angeschweißt.

Durch die Nachrüstungen stieg das Gefechtsgewicht beim KPz Leopard 1 A1A1 von 41,5 auf 42,2 to an; davon beanspruchte allein die Zusatzpanzerung 660 kg.

KPz Leopard 1 A1A1 bei einer Bundeswehr-Ausstellung: Dieses Fahrzeug wurde 2005 während einer Bundeswehr-Ausstellung aus Anlass des 50-jährigen Bestehens der Bundeswehr auf der Wehrtechnischen Dienststelle 51 (WTD 51) in Koblenz-Metternich aufgenommen. Da es über kein Verbandsabzeichen verfügt, stammt es vermutlich aus dem Bestand der WTD 41 (Trier). Auf der Blende ist die Halterung inkl. Schutzbügel für das Passive Ziel- und Beobachtungsgerät PZB 200 montiert.

KPz Leopard 1 A1A1 NL: Ein niederländischer KPz Leopard 1 A1A1 passiert einen Waldweg während einer Vorführung im schweizerischen Militärmuseum in Full. Die großzügigen Bestimmungen in der Schweiz erlauben den Besitz von Panzerfahrzeugen in ausgewählten privaten Museen ohne Demilitarisierungsmaßnahmen!

Leopard 1 A2

Die ersten 232 Fahrzeuge des 5. Bauloses wurden im Zeitraum 4/72 bis 5/73 gefertigt und erhielten einen neuen Gussturm mit verstärkter Blende und aufgedickter Panzerung im vorderen Bereich. Damit entstand die Version Leopard 1 A2. Insider erkennen diese Version an den oval gestalteten Ausblickköpfen des Entfernungsmessers. Diese Version wurde mit folgenden Baugruppen vom Werk aus ausgeliefert:

- Richtanlage mit adaptierter Waffenstabilisierungsanlage,
- Rohrschutzhülle,
- Systemkette D 640 A,
- Laufwerksschürzen,
- Abgasgrätings, bestehend aus acht Strangpressprofilen anstelle der Gusskonstruktion. (Diese neue Form der Abgasgrätings wurde bereits auch schon in den Fahrzeugen des 4. Bauloses verwendet).

Typ	Leopard 1 A2
Einführungszeitraum	1972–1973
Besatzung	4 Mann
Gefechtsmasse	42,0 to
Länge Fahrgestell	6,94 m
Breite über Ketten	3,25 m
Höhe (Turmdach)	2,39 m
Hauptwaffe; Kaliber; Typ	105-mm-L 7 A3; L/51
Munitionsvorrat	60 Schuss
Sekundärwaffe 1; Kaliber	7,62-mm-Blenden-MG
Sekundärwaffe 2; Kaliber	7,62-mm-Fla-MG
Motor; Art	MB 838 CaM 500;10-Zyl.-Diesel; Kompressor
Nennleistung	610 kW
Höchstgeschwindigkeit	65 km/h
Fahrbereich Straße	560 km
Kraftstoffvorrat	985 l
Verbrauch (Straße)	175 l/100 km
Fahrwerksfederung	Drehstab
Panzerung Bug	70 mm (30 Grad)

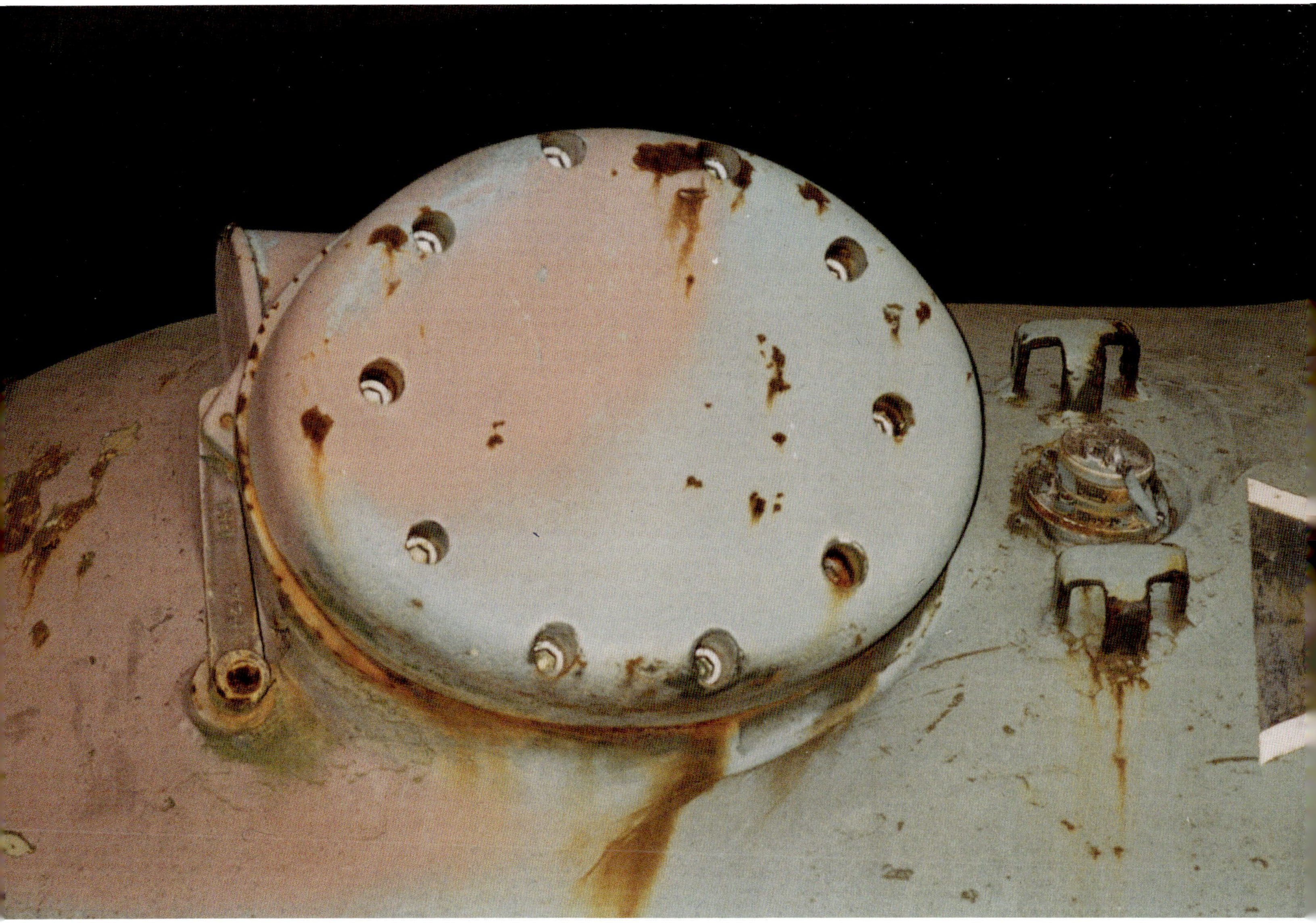

Als weitere Verbesserungen bzw. Änderungen flossen bei der Version Leopard 1 A2 ein:

- neue ABC-Schutzbelüftungsanlage (Kompaktanlage) mit wirkungsvolleren Filtern,
- verbesserte Luftfilteranlage,
- Ersatz des IR-Fahrergerätes durch ein Bildverstärkergerät (BiV). Zur Ausleuchtung bei extremer Dunkelheit musste ein Tarnscheinwerfer auf der Fahrerseite installiert werden. Für den dann nicht benötigten Fahrscheinwerfer wurde eine zusätzliche Blindbuchse auf der oberen Bugplatte angebracht,
- da es bei der Ausbildung und bei Manövereinsätzen öfters zu Beschädigungen an der Nebelwurfanlage kam, wurde bei der Version A2 ein Schutzbügel / Astabweiser an den Bechern der Nebelwurfanlage angebracht.

Leopard 1 A3

Für die restlichen 110 Fahrzeuge des fünften Bauloses war ein neuer Liefervertrag erforderlich, da die Fahrzeuge einen völlig neuen Turm in Schweißausführung erhielten; diese Version erhielt die Bezeichnung Leopard 1 A3. Das Grundkonzept des Turmes mit einer Schottpanzerung in den vorderen Seitenteilen entstand bereits 1968 im Rahmen der Experimentalentwicklung. Die Form stand auch Pate für die Prototypen der ersten Generation des KPz Leopard 2. Durch die Schottung der Panzerstahlbleche ergab sich bei gleichem Gewichtsaufwand eine leichte Verbesserung des Schutzes gegenüber Wucht- und Hohlladungs-Munition. Die Fertigung der Rohtürme für die Fahrzeuge des fünften und sechsten Bauloses wurde hälftig aufgeteilt auf die Firmen:

- Blohm & Voss; Hamburg,
- Rheinstahlwerke; Witten-Annen.

Mit der neuen Turmkonzeption wurde der Kampfraum auch um 1,5 m3 vergrößert. An Stelle des Staukorbes im Heck wurden zur Unterbringung

Typ	Leopard 1 A3
Einführungszeitraum	1973
Besatzung	4 Mann
Gefechtsmasse	42,4 to
Länge Fahrgestell	6,94 m
Breite über Ketten	3,25 m
Höhe (Turmdach)	2,39 m
Hauptwaffe; Kaliber; Typ	105-mm-L 7 A3 L/51
Munitionsvorrat	60 Schuss
Sekundärwaffe 1; Kaliber	7,62-mm-Blenden-MG
Sekundärwaffe 2; Kaliber	7,62-mm-Fla-MG
Motor; Art	MB 838 CaM 500;10-Zyl.-Diesel; Kompressor
Nennleistung	610 kW
Höchstgeschwindigkeit	65 km/h
Fahrbereich Straße	560 km
Kraftstoffvorrat	985 l
Verbrauch (Straße)	175 l/100 km
Fahrwerksfederung	Drehstab
Panzerung Bug	70 mm (30 Grad)

des Schießscheinwerfers und des Zubehörs (z. B. Tarnnetz) entsprechende Staukästen in die Turmkontur integriert. Als Nebeneffekt ergab sich hierdurch im Heckbereich eine deutliche Verbesserung des Schutzes gegenüber HL-Munition. Bei der Schweißturmvariante erhielt der Ladeschütze nunmehr einen Winkelspiegel in einer dreh- und kippbaren Halterung.
Als eine interessante Neuerung erhielten die Schweißtürme der Version Leopard 1 A3 eine Öffnung (Durchmesser ca. 350 mm) im Turmdach hinter der Ladeschützenluke zur Aufnahme einer Sprengkörperwurfanlage (Nahverteidigungswaffe). Diese Einrichtung ist u. a. vom Königstiger und vom Jagdpanther bekannt. Bei der Auslieferung der Fahrzeuge war die Öffnung durch eine verschraubte Platte verschlossen. Bei Erprobungen der Munition ergaben sich allerdings schwerwiegende Probleme, sodass die Sprengkörperwurfanlage später nie in die Türme eingesetzt wurde (bei den Schweißtürmen der Version Leopard 1 A4 entfiel diese Öffnung).

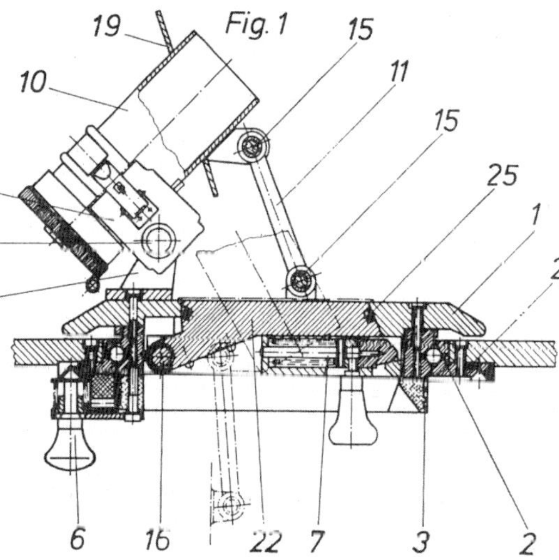

Skizze Sprengkörper-Wurfanlage: Das Bild zeigt den Aufbau der Sprengkörper-Wurfanlage (Patentschrift von Fa. Wegmann). Zum Nachladen des Wurfbechers wird dieser über einen Hebelmechanismus durch eine nach innen zu öffnende Klappe in den Kampfraum abgesenkt. Der Wurfbecher ist um 360 Grad schwenkbar im Turmdach gelagert. Ein Nachladen unter ABC-Bedrohung ist damit nicht möglich.

KPz Leopard 1 A3 auf einer Bundeswehr-Ausstellung: Bei der Ausstellung im Jahr 2005 aus Anlass des 50-jährigen Bestehens der Bundeswehr wurde bei der Wehrtechnischen Dienststelle 51 in Koblenz-Metternich auch ein KPz Leopard 1 A3 präsentiert. Im Bereich des Triebrades wurde nachträglich das letzte Segment der Laufwerksschürzen ausgeschnitten, um bei einem Schmutzeintrag eine Selbstreinigung des Triebrades zu ermöglichen.

KPz Leopard 1 A3 AUS im Sprung: Durchaus beliebt waren sogenannte »Heeres-Weitflugmeisterschaften« in der Truppe. Derartige Experimente waren sowohl für die Besatzungen wie auch für das Fahrzeug nicht ungefährlich. Das Bild zeigt einen australischen KPz Leopard 1 A3 nach dem »dynamischen Überwinden« einer Kuppe.

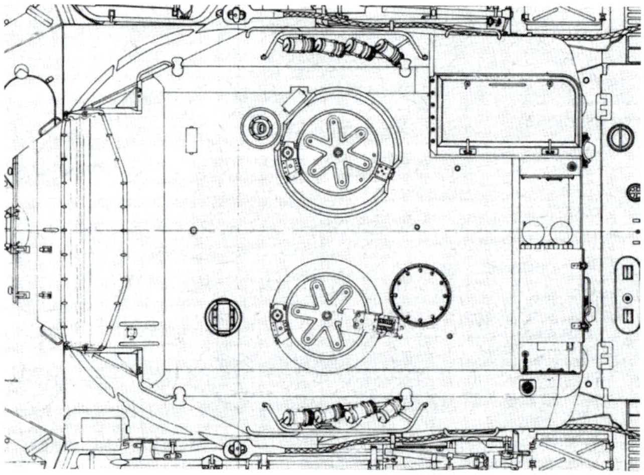

Vorgesehene Sprengkörper-Wurfanlage auf dem Turmdach eines KPz Leopard 1 A3: Ursprünglich war hinter der Ladeschützenluke bei der Version Leopard 1 A3 die Installation einer Sprengkörper-Wurfanlage zur Nahverteidigung vorgesehen. Diese von innen zu ladende Waffe war von mehreren Panzerfahrzeugen der ehemaligen Deutschen Wehrmacht bekannt. Aufgrund von Sicherheitsproblemen wurde die Waffe nicht eingeführt und die bereits vorgesehene Öffnung mit einer Platte verschlossen.

Leopard 1 A4

Bereits in einigen Vorserienfahrzeugen wurden Feuerleitanlagen mit Analogrechnern (Galileo; Arenco) erprobt; keine dieser Anlage erfüllte Anfang der 1960er Jahre die Forderungen. Erst Mitte der 1970er Jahre stand ein panzertauglicher Feuerleitrechner zur Verfügung. Daraufhin wurde beschlossen, das sechste Baulos mit einer rechnergesteuerten Feuerleitanlage und verbesserten Beobachtungs- und Zielmitteln auszustatten. Diese Komponenten wurden bereits seit 1972 in die Prototypen des KPz Leopard 2 eingebaut. Im Zeitraum 8/74 bis 3/76 wurden 250 Fahrzeuge dieser als Leopard 1 A4 bezeichneten Version produziert.
Obgleich eine logistische Gleichheit mit den anderen Versionen wünschenswert gewesen wäre, wurde nicht erwogen, diese moderne Feuerleitanlage in die älteren Fahrzeuge nachzurüsten. Zur Vereinfachung der logistischen Versorgung wurden die 250 KPz Leopard 1 A4 im Wesentlichen an die Panzerbataillone der 10. Panzerdivi-

Typ	Leopard 1 A4
Einführungszeitraum	1974–1976
Besatzung	4 Mann
Gefechtsmasse	42,4 to
Länge Fahrgestell	6,94 m
Breite über Ketten	3,25 m
Höhe (Turmdach)	2,39 m
Hauptwaffe; Kaliber; Typ	105-mm-L 7 A3 L/51
Munitionsvorrat	55 Schuss
Sekundärwaffe 1; Kaliber	7,62-mm-Blenden-MG
Sekundärwaffe 2; Kaliber	7,62-mm-Fla-MG
Motor; Art	MB 838 CaM 500;10-Zyl.-Diesel; Kompressor
Nennleistung	610 kW
Höchstgeschwindigkeit	65 km/h
Fahrbereich Straße	560 km
Kraftstoffvorrat	985 l
Verbrauch (Straße)	175 l/100 km
Fahrwerksfederung	Drehstab
Panzerung Bug	70 mm (30 Grad)

sion (Stetten am kalten Markt) ausgeliefert.
Für die Version Leopard 1 A4 wurde ebenfalls der Schweißturm verwendet; markanter Unterschied zu der Version A3 ist der große Ausblickkopf des neuen Rundblickperiskopes PERI-R 12 mit zwei seitlich angebrachten Schutzbügeln.
Als weitere Verbesserung erhielt der Leopard 1 A4 einen neuen Gangwahlhebel, der eine automatische Getriebeschaltung ermöglichte; damit wurde das Fahren des Panzers deutlich vereinfacht.
Im Truppengebrauch verursachten die neuen Komponenten im Turm aufgrund ihrer Komplexität einen deutlich höheren Materialerhaltungsaufwand. Daher wurden aus Kostengründen die Fahrzeuge der Version Leopard 1 A4 im Jahr 1989 als Erste aus der Nutzung genommen (interessanterweise verblieben einige Fahrzeuge des KPz M 48 A2 G A2 länger als der Leopard 1 A4 in der Nutzung)!

KPz Leopard 1 A4 Frontalansicht: Dieses Fahrzeug war Teil der Ausstellung »50 Jahre Heer« im Mai 2006 in Munster / Lager Kohlebissen. Es ist ein Panzer der 4.Kp/PzBtl 293 (Stetten a.k.M.) – und kam von dort in das Panzermuseum. Äußerlich lässt sich die Version A4 nur durch das größere Rundblickperiskop PERI R 12 von der Version A3 unterscheiden.

Größenvergleich von KPz Leopard 2 (Panzer 87) und KPz Leopard 1 A4: Das Bild (aufgenommen im schweizerischen Militärmuseum in Full) ermöglicht einen guten Größenvergleich der beiden KPz. Bei annähernd gleicher Wannenbauhöhe liegt das Niveau des Wannendachs beim KPz Leopard 2 aufgrund der größeren Bodenfreiheit um ca. 75 mm höher. In der Gesamthöhe (Turmdach) ist der Leopard 2 – trotz größerer Hauptwaffe – nur um 90 mm höher.

Vergleich des KPz Leopard 1 A4 mit einem KPz T-62: Das Bild zeigt beide Fahrzeuge in der Schrägansicht. Der KPz T-62 wurde von der US Army (Vilseck) für die Versuche zur Verfügung gestellt. Die beiden Klappluken im Turm des KPz T-62 sind in Gefechtssituationen sehr viel ungünstiger als z. B. die Hub-Schwenkluke beim Kommandanten im Turm des KPz Leopard 1 A4.

KPz Leopard 1 A4 / Draufsicht: Dieses Fahrzeug steht im schweizerischen Militärmuseum in Full. Die Draufsicht lässt die relativ großen Abmessungen des Schweißturmes erkennen. Im Bereich der linken Kettenschulter befindet sich im Bugbereich vor dem Turm auf der horizontalen Fläche das Gräting für die Luftansaugung der ABC-Schutzbelüftungsanlage. Weiter hinten ist auf der linken Seite beim Übergang auf die Triebwerksraumabdeckung die Schutzhaube für die Brennluftansaugung des Motors erkennbar.

Leopard 1 A5

Die in den Fahrzeugen der Baulose 1–5 eingebauten Komponenten zur Führung des Feuerkampfes beruhten auf den Anfang der 1960er Jahre verfügbaren Technologien. Die über zehnjährige Nutzung führte auch zu zunehmenden Verschleißerscheinungen und damit zu einem steigenden Materialerhaltungsaufwand. Zudem zeigte der Entfernungsmesser eine zunehmend schlechtere Justierbeständigkeit (Folge war u. a. ein höherer Munitionsverbrauch in der Schießausbildung)! Daher begannen im Jahr 1976 erste Untersuchungen im Hinblick auf eine Ausstattung der älteren Fahrzeuge mit einer zeitgemäßen und leistungsfähigen Feuerleitanlage. Im Jahr 1981 wurde hierzu die taktische Forderung (TaF) erlassen, aufgrund derer drei Firmen entsprechende Anlagen angeboten haben. Folgende Anlagen wurden einer Auswahluntersuchung unterzogen:

- Feuerleitanlage LEMSTAR-M mit EMES 17 der Firma AEG,
- Feuerleitanlage FLP-10 mit EMES 18 der Firma KAE,
- Feuerleitanlage AFS-L mit EMES 12 A3 der Firma Carl Zeiss.

Typ	Leopard 1 A5
Umrüstungszeitraum	1986–1992
Besatzung	4 Mann
Gefechtsmasse	42,2 to
Länge Fahrgestell	6,94 m
Breite über Ketten	3,25 m
Höhe (Turmdach)	2,39 m
Hauptwaffe; Kaliber; Typ	105-mm-L 7 A3 L/51
Munitionsvorrat	60 Schuss
Sekundärwaffe 1; Kaliber	7,62-mm-Blenden-MG
Sekundärwaffe 2; Kaliber	7,62-mm-Fla-MG
Motor; Art	MB 838 CaM 500;10-Zyl.-Diesel; Kompressor
Nennleistung	610 kW
Höchstgeschwindigkeit	65 km/h
Fahrbereich Straße	560 km
Kraftstoffvorrat	985 l
Verbrauch (Straße)	175 l/100 km
Fahrwerksfederung	Drehstab
Panzerung Bug	70 mm (30 Grad)

Nach eingehender Erprobung der drei Feuerleitanlagen wurde Ende 1983 die Anlage FLP-10 von Fa. Krupp-Atlas Elektronik (Bremen) für die

Vergleich des KPz Leopard 1 A5 mit einem KPz M 48 A2: Die Aufnahme verdeutlicht sehr gut die unterschiedliche Auslegungsphilosophie beider Fahrzeuge. Bei dem KPz Leopard 1 wurde die Silhouette als Maßnahme zur Verbesserung der Überlebensfähigkeit auf dem Gefechtsfeld gezielt optimiert. Der Unterschied in der Turmdachhöhe beträgt zwischen beiden Fahrzeugen 260 mm. Die Silhouette des KPz M 48 A2 wird durch die aufgesetzte Kommandantenkuppel nochmals um weitere 440 mm erhöht. Wie Gefechte in den Nahost-Kriegen gezeigt haben, hat die Kommandantenkuppel eher einen negativen Einfluss auf die Überlebensfähigkeit insbesondere des Kommandanten.

Vergleich der KPz Leopard 2 A6 und dem KPz Leopard 1 A5: Die Aufnahme entstand im September 2005 im Rahmen der Feierlichkeiten zum 50-jährigen Bestehen der Bundeswehr auf der wehrtechnischen Dienststelle 41 in Trier. Der Unterschied in der Turmdachhöhe beträgt zwischen beiden Fahrzeugen 90 mm. Im Hinblick auf die Tarnung ist auf dem Bild die ungünstige Schattenbildung an den Unterkanten der Turm-Vorsatzmodule erkennbar.

Umrüstung ausgewählt. Es erfolgte die Umrüstung von 1225 Fahrzeugen im Zeitraum 1986–1993; diese Fahrzeuge erhielten die Bezeichnung Leopard 1 A5.
Die wesentlichen Elemente der Feuerleitanlage FLP-10 waren:

- das Hauptzielfernrohr EMES 18 für den Richtschützen mit einem Tag- und Nachtkanal (Wärmebildgerät) sowie einem Lasersender und -empfänger. Die Visierlinie wurde dabei primär stabilisiert und die Waffe der Visierlinie nachgeführt;
- der Feuerleitrechner zur Ermittlung der Korrekturwerte für Aufsatz- und Vorhaltewinkel für die gewählte Munitionsart; der Rechner verarbeitet dabei u. a. folgende Eingangsparameter:
- gemessene Zielentfernung des Laser-Entfernungsmessers,
- Verkantung (Lotkreisel),
- Luftwerte,
- Vorhalt beim Schießen auf bewegtes Ziel,
- Systemfehler der Waffenanlage.

Bei den Fahrzeugen der Version Leopard 1 A5 wurden darüber hinaus folgende Änderungen vorgenommen:

- Verlängerung des pankratischen Rundblickperiskopes beim Kommandant sowie des 12.00 Uhr-Winkelspiegels, um die Sicht über den

Ein umgerüsteter KPz M 48 A2 GA2, bei dem die frühere Kommandantenkuppel durch einen massiven Ring aus Panzerstahlguss ersetzt wurde.

KPz Leopard 1 A5 beim Überwinden einer Stufe: Das Bild entstand bei einer Vorführung an der Tribüne Süd in Munster. Wenn ein routinierter Fahrer kurz nach Erklimmen der Stufe kräftig Gas gibt, kann kurzzeitig dieser relativ steile Anstellwinkel des Fahrzeugs erreicht werden. Das Fahrzeuggewicht ruht dann kurzzeitig auf den beiden hinteren Laufrollen. Bedingt durch die relativ niedrige Nenndrehzahl des Motors überzeugt der KPz Leopard 1 bei derartigen Vorführungen 1 die Zuschauer stets durch das bullige und tieffrequente Geräusch des Motors. Kein anderer Panzer erreicht diesen eindrucksvollen Effekt!

Ausblickkopf des EMES 18 nach vorn zu ermöglichen,
- Einbau neuer Batterien (100 Ah; Dryfit);
- Einbau neuer Schildzapfenlager (Rollenlager) mit Resolver (Winkelgeber) für EMES 18,
- Einbau einer Feldjustieranlage,
- Nachrüstung mit neuem Gangwahlhebel für automatische Getriebeschaltung,
- Vorkehrungen zum Einbau der 120-mm-Glattrohrkanone (Versetzen der Schildzapfenlager und Ausschnitt im oberen Bereich des Turmmaules),
- Einbau einer Strahlwasser-Reinigungsanlage für die Fahrer-Winkelspiegel,
- mit Einsatz des Wärmebildgerätes entfiel beim Leopard 1 A5 der Schießscheinwerfer.

Die Fahrzeuge der Version Leopard 1 A5 verblieben am längsten in der Nutzung. Das letzte Gefechtsschießen wurde vom PzBtl 74 (Altenwalde) im Juli 2003 auf dem Truppenübungsplatz Bergen-Hohne durchgeführt. Ende Dezember 2003 wurde das PzBtl 74 aufgelöst – kurz zuvor wurden die Leoparden an das Depot Siegelsbach abgegeben. Damit endete im Jahr 2003 nach 38-jähriger Nutzungszeit die Ära des KPz Leopard 1 in der Bundeswehr!

Vergleich des Spähpanzers 2 A2 Luchs mit dem KPz Leopard 1 A5: Obwohl Spähfahrzeuge eigentlich flach und unauffällig sein sollten, erreicht der SpähPz Luchs aufgrund seiner Fahrwerkskonstruktion mit Starrachsen eine Turmdachhöhe von 2800 mm – und ist damit um 410 mm höher als der KPz Leopard 1 A5.

KPz Leopard 1 A5 im Wintermanöver: Das Bild zeigt einen KPz Leopard 1 A5 des PzBtl. 413 mit angedeuteter Wintertarnung. Um Schäden an den Kettenschürzen durch die Geländefahrt möglichst zu vermeiden, wurden fast alle Schürzenteile demontiert. Lediglich ein Schürzenelement im Bereich der Kommandantenluke wurde zur Erleichterung des Aufstiegs am Fahrzeug belassen. Die Platzierung der taktischen Nummer auf dem Werkzeugkasten ist unüblich.

Leopard 1 A6

Bei der Auslegungsphilosophie für den KPz Leopard 1 hatte man sich im Jahr 1956 bewusst entschieden, den Wettlauf zwischen Schutz und Munitionswirkung aufzugeben – damit erhielt der Leopard 1 anfangs einen relativ bescheidenen Panzerschutz. Aus den Gefechten des Yom-Kippur-Krieges im Jahr 1973 war eine der wichtigsten Erfahrungen, dass das Schutzniveau eines Kampffahrzeuges von absolut ausschlaggebender Bedeutung für das Überleben im Gefecht ist. Aufgrund dieser eindeutigen Erkenntnisse wurde 1974 in einer ersten Reaktion das Schutzniveau der Prototypen des KPz Leopard 2 angehoben. Als Anfang der 1980er Jahre deutlich wurde, dass sich die Einführung des geplanten PzKW 2000 (und damit die Ablösung des KPz Leopard 1) erheblich verzögern wird, wurden auch konkrete Untersuchungen für eine deutliche Verbesserung des Schutzniveaus beim KPz Leopard 1 (insbesondere gegen KE-Munition) beschlossen. Ende 1986 erhielt Fa. KRAUSS-MAFFEI einen Auftrag zum Bau von zwei Versuchsträgern, bei denen folgende Ausrüstung gefordert war:

VT 5:

- 120-mm-Glattrohrkanone
- neues Rundblickperiskop RTW 90 mit Tag- und Nachtkanal (WBG) bei Kommandanten,
- Zusatzpanzerung (KE-Schutz) am Turm frontal und seitlich,
- Brandunterdrückungsanlage im Kampfraum.

VT 2:

- 120-mm-Glattrohrkanone
- Zusatzpanzerung (KE-Schutz) frontal und im Flankenbereich für Kampfraum an Turm und Fahrgestell,
- Maßnahmen zur Reduzierung der IR-Signatur im Bereich des Triebwerkraumes,
- Brandunterdrückungsanlage im Kampfraum.

Die beiden Versuchsträger wurden 1987 fertig gestellt und bei der WTD 91 in Meppen eingehenden Untersuchungen unterzogen. Beim VT 2 ergab sich durch die Zusatzpanzerung und die 120-mm-Waffenanlage ein Mehrgewicht von knapp 6 to; damit stieg das Gesamtgewicht auf

Versuchsträger VT 2.

über 47 to an. Allein das hohe Gefechtsgewicht war sehr problematisch, noch schlimmer war jedoch die Tatsache, dass sich das Mehrgewicht bei Turm und Wanne im Frontbereich konzentrierte! Dies hatte beim Turm einen erheblichen Anstieg des Unwuchtmomentes zur Folge – mit erheblichen Auswirkungen auf Richtanlage und Stabilisierung. Auch das Gesamtfahrzeug zeigte eine ausgeprägte Buglastigkeit mit ungunstigen Folgen für die Fahrdynamik und Hindernisüberwindung.
Eine serienmäßige Umrüstung verbot sich daher aus gesamtsystemtechnischer Sicht. Es blieb bei den beiden Versuchsträgern, von denen heute der Turm des VT 5 im Werksmuseum von Fa. Rheinmetall in Unterlüß ein etwas trauriges Dasein fristet.

Versuchsträger VT 2 mit kompletten IR-Tarnmaßnahmen: Im weiteren Verlauf der Untersuchungen erhielt der VT 2 eine Verlängerung der Laufwerksschürzen sowie hinterlüftete Blenden bei den Laufrollen. Neben der Reduzierung der IR-Signatur sollten diese Maßnahmen auch zur Verminderung der Radarsignatur (Reduzierung der Radar-Rückstrahlfläche; RCS) beitragen.

Parallel zur Umrüstung der Demonstratoren auf die Version Leopard 1 A6 (inoffizielle Bezeichnung), wurden bei der WTD 41 Untersuchungen zur Auswirkung des höheren Gefechtsgewichtes auf die Baugruppen des Antriebs und des Fahrwerks durchgeführt. Das Bild zeigt ein umgerüstetes Testfahrzeug mit Zusatzgewichten an den Turmseiten auf der Geländestrecke auf dem Grüneberg. Die Erprobung der Fahrzeuge muss rau, hart und realitätsnah sein, da ansonsten Schwachstellen mit in die Serie bzw. Nutzung verschleppt werden. Eine Beseitigung der nicht erkannten Problembereiche wäre dann mit extrem hohen Kosten verbunden.

Leopard 1 mit 120-mm-Glattrohrkanone

Bereits im Jahr 1982 bot Fa. Rheinmetall der Bundeswehr an, zwei KPz Leopard 1 auf eigene Kosten mit der 120-mm-Glattrohrkanone auszurüsten und entsprechende Werksversversuche durchzuführen. Als Begründung wurde u.a. angeführt, dass selbst die 105-mm-APDSFS-Munition DM 23 den KPz T-72 (Modell 1981) frontal nicht mehr durchschlagen konnte. Außerdem könnte damit eine logistische Gleichheit zum KPz Leopard 2 hergestellt werden. Daraufhin stellte die Bundeswehr 1983 einen Leopard 1 A5 mit Gussturm und einen Leopard 1 A3 mit Schweißturm für die Umrüstung zur Verfügung. In Verbindung mit dem Einbau der 120-mm-Waffenanlage waren an den beiden Fahrzeugen folgende Änderungen erforderlich:

Turm:

- zusätzlicher Ausschnitt im oberen Bereich des Turmmaules für den Ein- und Ausbau der größeren Waffenanlage,
- Verlegung der Schildzapfenlager,
- Einsatz einer neuen Blende,
- Änderungen am Höhenrichtzylinder aufgrund neuer geometrischer Verhältnisse,
- Änderungen an der Waffenstabilisierungsanlage (Regler),
- Änderungen am Feuerleitrechner,
- Einbau neuer Munitionshalterungen,

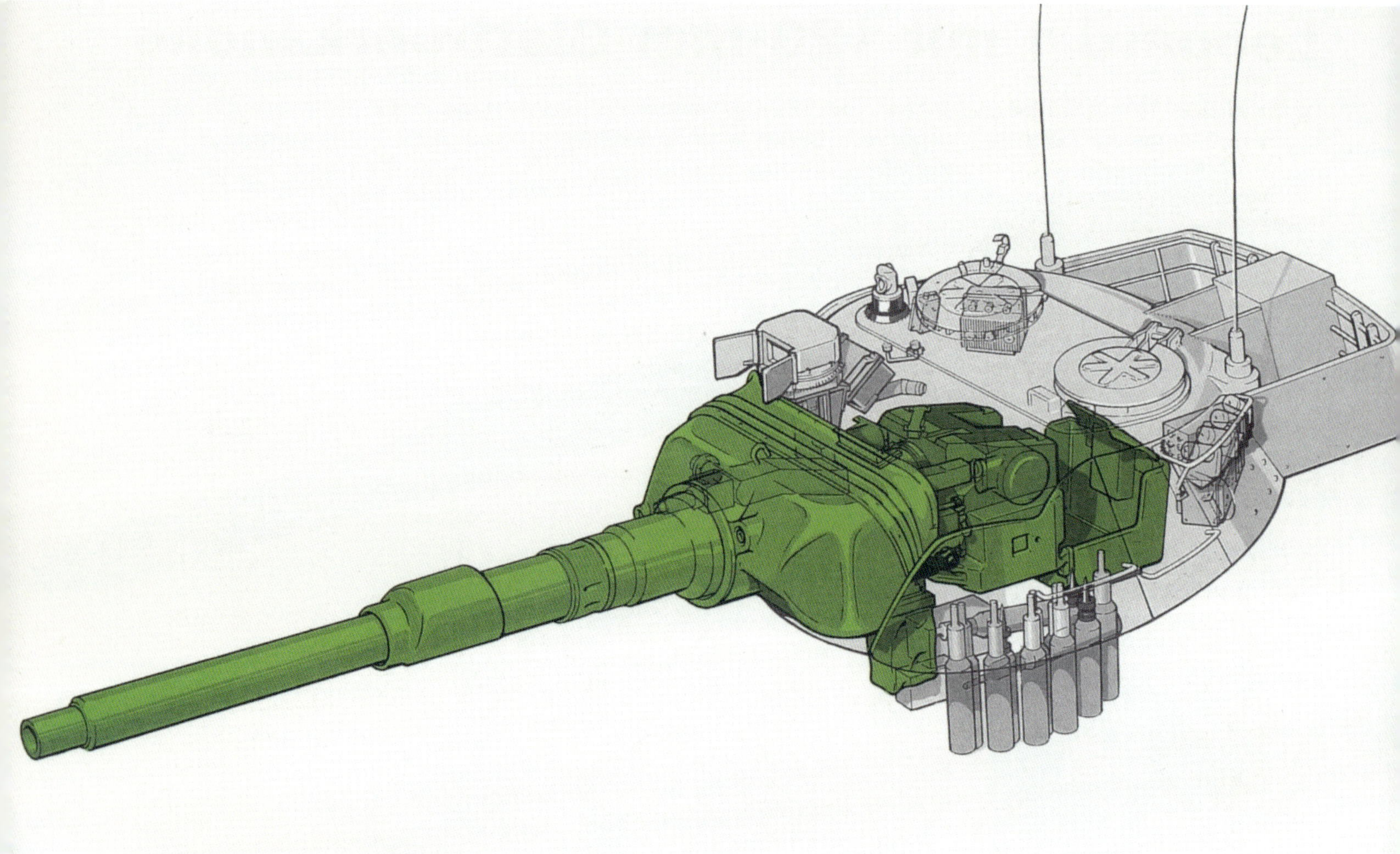

Einbauskizze der 120-mm-Glattrohrkanone.

- Änderungen am Winkelspiegelkranz der Kommandanten-Luke,
- Vergrößerung der Munitionsluke.

Fahrgestell:
- Einbau neuer Munitionshalterungen,
- neue Rohrzurrung am Heck.

Durch die größere Munition reduzierte sich der Munitionsvorrat von 60 auf 42 Schuss. Das Mehrgewicht der Umrüstung belief sich auf 1,35 to. Es führte zu einer Erhöhung des Unwuchtmomentes beim Turm und zu einer leichten Verschiebung des Schwerpunktes vom Gesamtfahrzeug nach vorn. Für die Umrüstung hätten pro Fahrzeug Kosten in Höhe von ca. 500.000 DM veranschlagt werden müssen. Im Jahr 1985 wurde die Werkserprobung, und im Jahr 1986 eine amtliche Erprobung bei der WTD 91 in Meppen durchgeführt.
Obgleich bei der Umrüstung der Leopard 1 A5 im Turmbereich die mechanischen Änderungen zur Aufnahme der 120-mm-Waffenanlage berücksichtigt wurden, ist es (vermutlich aus Kostengründen) nicht zum serienmäßigen Einbau der größeren Waffenanlage gekommen.

Ausländische Versionen

Belgien: Leopard 1 BE

Ende der 1960er Jahre suchte das belgische Heer ein Nachfolgemuster für den eingeführten KPz M 47. Untersucht wurden als Nachfolger die KPz M 60 A1, AMX 30, Chieftain und Leopard 1. In die engere Auswahl kamen die Typen AMX 30 und Leopard 1. Letztlich entschieden die günstigeren Beschaffungskosten sowie ein großzügiges Kompensationsangebot für den Kauf des Leopard 1. Obwohl die Entscheidung bereits Mitte 1965 fiel, konnte aufgrund finanzieller Probleme der Auftrag über 334 Fahrzeuge erst im Jahr 1967 erteilt werden. Die belgischen Fahrzeuge entsprachen dem Leopard 1 der 3. und 4. Baulose, als Änderung wurden lediglich belgische FN-Maschinengewehre als Sekundärwaffen eingeführt und die Fahrzeuge erhielten seitliche Werkzeugkästen.

Ab 1974 wurde ein großes Kampfwertsteigerungsprogramm durchgeführt, bei dem die Fahrzeuge eine Waffenstabilisierungsanlage und eine

Typ	Leopard 1 BE
Einführungszeitraum	5/1968–3/1971
Besatzung	4 Mann
Gefechtsmasse	40,0 to
Länge Fahrgestell	6,94 m
Breite über Ketten	3,25 m
Höhe (Turmdach)	2,39 m
Hauptwaffe; Kaliber; Typ	105-mm-L 7 A3 L/51
Munitionsvorrat	60 Schuss
Sekundärwaffe 1; Kaliber	7,62-mm-Blenden-MG
Sekundärwaffe 2; Kaliber	7,62-mm-Fla-MG
Motor; Art	MB 838 CaM 500;10-Zyl.-Diesel; Kompressor
Nennleistung	610 kW
Höchstgeschwindigkeit	65 km/h
Fahrbereich Straße	560 km
Kraftstoffvorrat	985 l
Verbrauch (Straße)	175 l/100 km
Fahrwerksfederung	Drehstab
Panzerung Bug	70 mm (30 Grad)

KPz Leopard 1 A5 ABL / Seitenansicht: Neben der Ausstattung mit der MEXAS Turmzusatzpanzerung von Fa. IBD Deisenroth (Lohmar) erhielt das Demonstratorfahrzeug auch geänderte Laufwerksschürzen – vermutlich aus Keramik. Diese Schutzverbesserung hat jedoch nur Kanada eingeführt. Im Jahr 2014 hat Belgien die letzten KPz ausgesondert und verfügt seit dieser Zeit über keine Kampfpanzer mehr.

Auch die hier gezeigte gummierte Zusatzpanzerung wurde in Belgien nicht in die Serie übernommen. Auffällig ist der Richtschützenausblick.

moderne Feuerleitanlage (SABCA) erhielten. Diese Anlage verfügte über einen Laser-Entfernungsmesser sowie einen Digitalrechner, der verschiedene Parameter zur Schusskorrektur verarbeiten konnte – auch die Funktion einer Feldjustierung der Waffe konnte bei dieser Version durchgeführt werden. Ein weiteres Modernisierungsprogramm wurde 1985 beschlossen, in dessen Rahmen ein Wärmebildgerät sowie eine elektrische Richtanlage (Honeywell) und Keramik-Laufwerksschürzen nachgerüstet werden sollten. Die nachgerüsteten Fahrzeuge erhielten einen vergrößerten Ausblickkopf auf der rechten Turmseite; allerdings betraf diese Kampfwertsteigerung von der Gesamtflotte lediglich 132 Fahrzeuge. Die Umrüstung erfolgte im Zeitraum 1994/95; diese Version erhielt die Bezeichnung Leopard 1 A5 BE.

Der Bestand an belgischen LEOPARD 1 wurde ab etwa 2010 immer weiter reduziert, 2014 wurde der letzte endgültig stillgelegt. Teile der belgischen LEOPARD 1A5 BE wurden von einem belgischen Geschäftsmann aufgekauft und eingelagert. Aus diesen werden nun 30 Stück aufgearbeitet und an die Ukraine geliefert. Siehe auch Ukraine.

Leopard-1-Panzer des 1. Lancer-Regiments bei der Vorbeifahrt vor der königlichen Tribüne am Place des Palais in Brüssel während der Truppenparade am 21. Juli 1989. (Foto: © Jean-Pol Grandmont, cc-bvy-sa 4.0)

Niederlande: Leopard 1 NL

Bei den niederländischen Streitkräften musste ein Ersatz für den in den 1950er Jahren eingeführten KPz Centurion gefunden werden. Nach einer Vergleichsuntersuchung (1967/68) zwischen den KPz Chieftain und Leopard 1 fiel Ende 1968 die Entscheidung zu Gunsten des KPz Leopard 1. Bis zum Jahr 1972 hatte die niederländische Panzertruppe insgesamt 468 Fahrzeuge erhalten. Prinzipiell handelte es sich dabei um Fahrzeuge des 4. Bauloses – mit kleineren Änderungen, wie z. B.:

- als Sekundärwaffen wurden das in NL eingeführte FN-MAG-MG verwendet,
- bei der Nebelwurfanlage wurde ein niederländisches Fabrikat eingebaut,
- an den seitlichen Wannenschrägen wurden zusätzliche Staukästen angebracht.

Interessanterweise bestanden die Niederlande auf Auslieferung der Fahrzeuge mit der alten Gleiskette D 139. Im Rahmen eines ersten Kampfwertsteigerungsprogramms erhielten die Fahrzeuge Mitte der 1980er Jahre eine Turmzu-

Leopard 1-V (»verberted«, verbessert) der niederländischen Streitkräfte während einer Übung, ca. 1985. (Foto: © Koninklijke Landmacht)

Typ	Leopard 1 NL
Einführungszeitraum	10/1969–3/1972
Besatzung	4 Mann
Gefechtsmasse	40,0 to
Länge Fahrgestell	6,94 m
Breite über Ketten	3,25 m
Höhe (Turmdach)	2,39 m
Hauptwaffe; Kaliber; Typ	105-mm-L 7 A3 L/51
Munitionsvorrat	60 Schuss
Sekundärwaffe 1; Kaliber	7,62-mm-Blenden-MG
Sekundärwaffe 2; Kaliber	7,62-mm-Fla-MG
Motor; Art	MB 838 CaM 500;10-Zyl.-Diesel; Kompressor
Nennleistung	610 kW
Höchstgeschwindigkeit	65 km/h
Fahrbereich Straße	560 km
Kraftstoffvorrat	985 l
Verbrauch (Straße)	175 l/100 km
Fahrwerksfederung	Drehstab
Panzerung Bug	70 mm (30 Grad)

satzpanzerung (wie Leopard 1 A1A1) sowie eine neue Feuerleitanlage (AFSL-2 (NL)) von Fa. Zeiss. Dabei wurde der Raumbild-Entfernungsmesser EMES 12 A3 beibehalten und durch einen Laser-Entfernungsmesser ergänzt; für die Verarbeitung der Korrekturwerte wurde ein elektronischer Feuerleitrechner eingebaut. Die bisherige Richtanlage wurde durch entsprechende Elemente von Fa. Honeywell zu einer Waffenstabilisierungsanlage erweitert. Der Einbau eines Wärmebildgerätes von Fa. Phillips wurde vorbereitet. Diese Version erhielt die Bezeichnung Leopard 1-V (»verberterd«). Ein weiteres Moderni-

Die Königliche Niederländische Armee entschied sich nach ausführlichen Tests zwischen dem britischen Challenger (rechts) und dem deutschen Leopard für die Beschaffung des Leopard-1. Aufnahme vom 26. Februar 1968 auf dem Testgelände Leusderheide. (Foto: © Eric Koch / Anefo, cc-by-sa 3.0)

sierungsprogramm mit dem Einbau der integrierten Feuerleitanlage FLP 10 (EMES 18 wie A5 Deutschland) wurde 1988 aufgelegt, aber nur an zwei Fahrzeugen umgesetzt und dann aber nicht weiterverfolgt. 168 der Leopard 1-V wurden 1993 zusammen mit den beiden A5-Prototypen an Griechenland abgegeben. Im Jahr 1998 wurden 202 KPz Leopard 1-V an Chile verkauft.

KU92-60
40

Norwegen: Leopard 1 NO

In Norwegen fiel nach einer Vergleichserprobung zwischen dem schwedischen Stridsvagn 103 S und dem Leopard 1 im Zeitraum 1966/67 am Ende die Entscheidung zu Gunsten des KPz Leopard 1. Zunächst wurde im Jahr 1968 der Kauf von 78 Fahrzeugen beschlossen. Sie entsprachen dem 4. Baulos – lediglich die Bandagen der Laufrollen wurden verbreitert und eine Rohrschutzhülle montiert. Später wurde noch ein großer Staukasten auf der oberen Bugplatte zur Aufnahme der Schneegreifer angebracht.
Anfang der 1990er Jahre wurde der norwegische Kampfpanzerbestand nochmals durch eine Lieferung von 92 Fahrzeugen aus dem Bestand der Bundeswehr (59 Fzg. der Version Leo 1 A1A1 und 33 Fzg. der Version Leo 1 A5) auf insgesamt 170 Fahrzeuge aufgestockt.
Im Jahr 1994 wurden die 78 Fahrzeuge des Erstkaufes auf den Stand Leopard 1 A5 gebracht und mit dem EMES 18 umgerüstet; dabei wurde die Richtanlage durch die elektrische Waffenstabilisierungsanlage GEARDRIVE 90 BL von Fa. Telefunken Systemtechnik ersetzt. Die umgerüsteten Kampfpanzer erhielten die Bezeichnung Leopard 1 A5 NO. Ein interessantes Merkmal der

Typ	Leopard 1 NO
Einführungszeitraum	01/1971–07/1971
Besatzung	4 Mann
Gefechtsmasse	40,0 to
Länge Fahrgestell	6,94 m
Breite über Ketten	3,25 m
Höhe (Turmdach)	2,39 m
Hauptwaffe; Kaliber; Typ	105-mm-L 7 A3 L/51
Munitionsvorrat	60 Schuss
Sekundärwaffe 1; Kaliber	7,62-mm-Blenden-MG
Sekundärwaffe 2; Kaliber	7,62-mm-Fla-MG
Motor; Art	MB 838 CaM 500;10-Zyl.-Diesel; Kompressor
Nennleistung	610 kW
Höchstgeschwindigkeit	65 km/h
Fahrbereich Straße	560 km
Kraftstoffvorrat	985 l
Verbrauch (Straße)	175 l/100 km
Fahrwerksfederung	Drehstab
Panzerung Bug	70 mm (30 Grad)

Norwegische Leopard 1 in Wintertarnung während der Nato-Übung »Alloy Express« im Frühjahr 1982. (Foto: © PD)

norwegischen Leoparden ist die Abschirmung der seitlichen Abgasaustritte durch eine Kunststoffhaube (»Thercam«), durch die eine Reduzierung der IR-Signatur erzielt werden sollte. Nach und nach sind die norwegischen Leopard 1 aus der Nutzung genommen worden, so dass nur noch Leopard 2 verblieben. Dem Vernehmen nach wurden Teile ausgesonderter Fahrzeuge vor der Küste versenkt.

Italien: Leone

Im Frühjahr 1976 wurde die Zusammenarbeit verschiedener deutscher Rüstungsfirmen mit dem italienischen Unternehmen OTO MELARA angekündigt. Im Rahmen dieser Kooperation sollte von der deutschen Seite ein Einheitsfahrgestell in der 43-to-Klasse realisiert werden, auf das in einem ersten Schritt ein Turm von Fa. OTO MELARA montiert werden sollte. Ein erster Prototyp wurde im Jahr 1977 fertig gestellt und bei Fa. OTO MELARA in La Spezia einer Werkserprobung unterzogen.
Beim Fahrgestell wurde auf Triebwerks- und Laufwerksbaugruppen des KPz Leopard 1 zurückgegriffen. Aufgrund geänderter Forderungen, die insbesondere einen Einsatz unter besonderen klimatischen Bedingungen berücksichtigten, musste die Wanne neu konstruiert werden (Größe und Anordnung der Grätings).
Dieses als KPz Leone bezeichnete Fahrzeug war wohl weniger für den Bedarf der italienischen Streitkräfte, als vielmehr für den Export gedacht. Zu der ab 1978 geplanten Serienfertigung des KPz Leone ist es nicht gekommen.

Typ	Leone
Baujahr	1977
Besatzung	4 Mann
Gefechtsmasse	43,0 to
Länge Fahrgestell	6,73 m
Breite über Ketten	3,25 m
Höhe (Turmdach)	2,38 m
Hauptwaffe; Kaliber	105-mm-L 7 A3 L/51
Munitionsvorrat	60 Schuss
Sekundärwaffe 1; Kaliber	7,62-mm-Blenden-MG
Sekundärwaffe 2; Kaliber	7,62-mm-Fla-MG
Motor; Art	MB 838 CaM 500;10-Zyl.-Diesel; Kompressor
Nennleistung	610 kW
Höchstgeschwindigkeit	65 km/h
Fahrbereich Straße	600 km
Kraftstoffvorrat	1000 l
Verbrauch (Straße)	170 l/100 km
Fahrwerksfederung	Drehstab
Panzerung Bug	k. A.

Der später erschienene KPz C-1 Ariete (120-mm-Kanone) hat bei genauer Betrachtung viele Anleihen beim Leopard 1.

EI - 118798
59

Italien: Leopard 1 IT / 1A5 IT

Obwohl Italien bereits seit 1958 als Beobachter bei der Leopard-Entwicklung beteiligt war, wurde erst im Jahr 1964 eine Vergleichserprobung zwischen den Kampfpanzern M 60, AMX 30 und Leopard 1 auf dem Truppenübungsplatz Camp Teulada auf Sardinien durchgeführt. Weil einerseits die Ablösung der veralteten KPz M 47 dringlich war, andererseits für die Lieferung von KPz Leopard 1 eine längere Lieferzeit veranschlagt werden musste, wurde spontan der Kauf von 700 KPz M 60 beschlossen. Da sich dieser Kampfpanzertyp bei der Vergleichserprobung in der Truppe nicht bewährte, wurde 1966 der Kaufvertrag auf 200 Fahrzeuge reduziert.
Bei einer erneuten Vergleichserprobung im Herbst 1969 zwischen den KPz AMX 30 und Leopard 1 erwies sich der Leopard nicht nur als das preisgünstigere, sondern auch als das bessere Modell. Anfang 1970 wurde dann endgültig die Bestellung von 800 Leopard 1 für das italienische Heer beschlossen – davon wurden 200 Fahrzeuge in Deutschland gebaut – die restlichen 600 Leopard 1 bei Fa. OTO MELARA in Italien gefertigt. Die Fahrzeuge entsprachen dem vierten und fünften Baulos. Es folgte ab 1977 nochmals eine Lieferung von weiteren 120 Fahrzeugen aus italienischer Produktion (Baulos 5 –

Typ	Leopard 1 IT
Einführungszeitraum	09/1971–07/1972
Besatzung	4 Mann
Gefechtsmasse	40,0 to
Länge Fahrgestell	6,94 m
Breite über Ketten	3,25 m
Höhe (Turmdach)	2,39 m
Hauptwaffe; Kaliber; Typ	105-mm-L 7 A3 L/51
Munitionsvorrat	60 Schuss
Sekundärwaffe 1; Kaliber	7,62-mm-Blenden-MG
Sekundärwaffe 2; Kaliber	7,62-mm-Fla-MG
Motor; Art	MB 838 CaM 500;10-Zyl.-Diesel; Kompressor
Nennleistung	610 kW
Höchstgeschwindigkeit	65 km/h
Fahrbereich Straße	560 km
Kraftstoffvorrat	985 l
Verbrauch (Straße)	175 l/100 km
Fahrwerksfederung	Drehstab
Panzerung Bug	70 mm /30 Grad

Leopard 1 A2 IT). Ab 1983 wurden alle Fahrzeuge – soweit nicht schon vorhanden – mit dem aufgedickten Gussturm des Leopard 1 A2 ausgerüstet; auf die Nachrüstung mit einer Waffenstabilisierungsanlage wurde interessanterweise verzichtet!
Ab 1995 kaufte Italien nach der Ausphasung der KPz Leopard 1 A5 bei der Bundeswehr 120 Türme und montierte diese auf italienische Fahrgestelle – es entstand die Version Leopard 1 A5 IT. Aufgrund einer neuen Heeresstruktur verblieben ab dem Jahr 2000 – neben 200 KPz C-1 ARIETE – nur noch 100 KPz Leopard 1 A5 IT in der Nutzung. Italien setzte Leopard 1 bei KFOR ein. Dort sah man einen Sensormast im hinteren Turmbereich. Ob die durch den Mast ermittelten Daten zunächst nur von der Besatzung händisch in die FLA eingepflegt werden mussten, oder ob die Daten automatisch einflossen, ist nicht bekannt. Die Leopard 1A5 IT wurden später ebenfalls stillgelegt und abgestellt. Mutmaßlich wurden diese

Übergabe von fünf neuen Leopard 1 an die 1975 aufgestellte 132. Panzerbrigade »Manin«, die dann 1986 im Zug einer Neuorganisation in »132 a Brigata Corazzata „Ariete"« umbenannt wurde. Aufnahme von 1977, die Fahrzeuge befinden sich auf dem Weg zur Schießbahn bei Maniago. (Foto: © PD)

an das schweizerische Unternehmen RUAG verkauft, sind aber in Italien verblieben. Im Rahmen der Unterstützung der Ukraine nach dem Angriff Russlands am 22. Februar 2022 wurde über eine Abgabe an die Ukraine nachgedacht.

Dänemark: Leopard 1 / 1A5 DK

Im Hinblick auf den Ersatz des KPz Centurion haben die dänischen Streitkräfte Ende der 1960er Jahre eine Vergleichsuntersuchung zwischen den KPz Stridsvagn 103 S und dem Leopard 1 durchgeführt. Die Entscheidung fiel zu Gunsten des KPz Leopard 1, von dem Dänemark im Jahr 1974 120 Exemplare bestellte. Die Fahrzeuge entsprachen dem fünften Baulos (Schweißturmvariante). Die Türme verfügten noch über den optischen Entfernungsmesser, waren jedoch schon zur Aufnahme der integrierten Feuerleitanlage FLP-10 mit dem EMES 18 vorbereitet. Interessanterweise experimentierte Dänemark einige Jahre lang mit speziellen Tarnmatten, die eine raue Oberfläche aufwiesen und die IR-Signatur reduzierten. Da die kritische IR-Signatur im Bereich der Abgas- und Abluftgrätings damit nicht beeinflusst werden konnte und sich erhebliche Probleme bei der Reinigung und bei einer notwendigen Dekontamination ergaben, wurden sie

Typ	Leopard 1 DK
Einführungszeitraum	02/1976–08/1978
Besatzung	4 Mann
Gefechtsmasse	42,4 to
Länge Fahrgestell	6,94 m
Breite über Ketten	3,25 m
Höhe (Turmdach)	2,39 m
Hauptwaffe; Kaliber; Typ	105-mm-L 7 A3 L/51
Munitionsvorrat	59 Schuss
Sekundärwaffe 1; Kaliber	7,62-mm-Blenden-MG
Sekundärwaffe 2; Kaliber	7,62-mm-Fla-MG
Motor; Art	MB 838 CaM 500;10-Zyl.-Diesel; Kompressor
Nennleistung	610 kW
Höchstgeschwindigkeit	65 km/h
Fahrbereich Straße	560 km
Kraftstoffvorrat	985 l
Verbrauch (Straße)	175 l/100 km
Fahrwerksfederung	Drehstab
Panzerung Bug	70 mm (30 Grad)

Ein Leopard 1A5DK mit IFOR-Markierung überfährt 1996 während der IFOR-Operation Joint Endeavor im dänischen Camp DANBAT in Doboj, Bosnien-Herzegowina, eine serbische 20-mm-Flugabwehrlafette M55 A4 B1. (Foto: © PD)

im Laufe der Zeit wieder abgebaut. Mitte der 1990er Jahre wurden die Leopard 1 DK auf die integrierte Feuerleitanlage FLP-10 umgerüstet – es entstand damit die Version Leopard 1 A5 DK. 100 Leopard 1 A3 und 10 Leopard 1 A4 wurden im Zeitraum 1992–1994 von der Bundeswehr angekauft und auf den Stand Leopard 1 A5 DK gebracht. Alle dänischen Fahrzeuge wurden zur Aufnahme eines Räumschildes vorbereitet; ständig installiert wurde das Räumschild jedoch nur jeweils an einem Fahrzeug pro Zug.
Für Auslandseinsätze wurden Mitte der 1990er Jahre 35 Fahrzeuge mit einer Kampfraum-Kühlanlage inkl. Stromerzeugeranlage ausgestattet – diese Version erhielt die Bezeichnung Leopard 1 A5 DK-1.

Als Besonderheit setzte Dänemark erstmalig Kampfpanzer im UN-Einsatz mit der weißen Lackierung und großen »UN«-Markierungen ein. Bei der UNPROFOR Mission nahm eine Panzerkompanie mit zehn Fahrzeugen teil. Später gingen diese – wieder grün lackiert - in IFOR und SFOR über. Mit Zulauf der auf Stand Leopard 2A5 gerüsteten gekauften A4 aus Beständen der Bundewehr und einer weiteren Reduzierungswelle, wurden alle Leopard 1 A5 DK aus Dienst gestellt. Knapp 100 von ihnen kaufte die Firma FFG in Flensburg auf und lagerte sie ein. Mittlerweile bildet dieser Bestand den Grundstock für die Abgabe an Leopard-1-Kampfpanzern an die Ukraine.

Australien: Leopard AS1

Auch bei den australischen Landstreitkräften musste Mitte der 1970er Jahre der eingeführte KPz Centurion durch einen moderneren Kampfpanzer abgelöst werden. In einer Studie wurden die Typen: Chieftain, Vickers, AMX 30, M 60 A1 und Leopard 1 untersucht. In die nähere Auswahl kamen die Typen M 60 A1 und Leopard 1. Mit beiden Fahrzeugen führten die australischen Streitkräfte 1972 eingehende Erprobungen durch. Die Entscheidung fiel zu Gunsten des Leopard 1, von dem 1975 90 Fahrzeuge bestellt wurden. Die Fahrzeuge erhielten die Bezeichnung Leopard 1 AS 1 und entsprachen dem 5. Baulos (Schweißturmvariante). Sie wurden aufgrund australischer Forderungen jedoch mit zahlreichen Änderungen gegenüber der Version Leopard 1 A3 ausgeliefert – die Änderungen umfassten u. a.:

- Einrüstung eines Tropical-Kits zur Verbesserung der Kühlleistung und zur Gewährleistung des Motorbetriebes bei hohen Umgebungstemperaturen,
- Einbau einer SABCA-Feuerleitanlage mit Laser-Entfernungsmesser und einem elektronischen Feuerleitrechner inkl. entsprechender Sensorik,
- Ausrüstung mit zusätzlichen Werkzeugkästen an den Wannenseiten,
- Einsatz von hydraulischen Endanschlägen an Stelle der Kegelstumpffedern.

Im Laufe der Nutzung wurden weitere Nachrüstungen an den Fahrzeugen vorgenommen – u. a. zusätzliche Staukästen am Turmheck; Tarn-Kit von Fa. Barracuda; Möglichkeit zur Aufnahme ei-

Typ	Leopard AS 1
Einführungszeitraum	06/1976–11/1978
Besatzung	4 Mann
Gefechtsmasse	42,4 to
Länge Fahrgestell	6,94 m
Breite über Ketten	3,25 m
Höhe (Turmdach)	2,39 m
Hauptwaffe; Kaliber; Typ	105-mm-L 7 A3 L/51
Munitionsvorrat	59 Schuss
Sekundärwaffe 1; Kaliber	7,62-mm-Blenden-MG
Sekundärwaffe 2; Kaliber	7,62-mm-Fla-MG
Motor; Art	MB 838 CaM 500;10-Zyl.-Diesel; Kompressor
Nennleistung	610 kW
Höchstgeschwindigkeit	65 km/h
Fahrbereich Straße	560 km
Kraftstoffvorrat	985 l
Verbrauch (Straße)	175 l/100 km
Fahrwerksfederung	Drehstab
Panzerung Bug	70 mm (30 Grad)

nes Räumschildes oder eines Minen-Räumpfluges. Obwohl die australische Panzertruppe den KPz Leopard 2 bevorzugte, kaufte die australische Regierung aus politischen Gründen im Jahr 2004 59 KPz M1 A1 AIM ABRAMS von den USA, die alle der Leopard 1 ersetzt haben.

Hafenarbeiter im Hafen von Gladstone hieven am 2. Mai 2001 australische Leopard-Kampfpanzer aus dem Frachtraum der Scan Atlantic. Das Schiff beförderte auch mehrere Artilleriegeschütze, leichte gepanzerte Fahrzeuge (LAVs) und M113-Panzer im Rahmen des Manövers »Tandem Thrust«, einer gemeinsamen militärischen Übung der Vereinigten Staaten und Australiens in der Nähe des Truppenübungsplatzes Shoalwater Bay in Queensland. Kanadische Einheiten bildeten die Feindstreitkräfte. (Foto: © PD)

Ein Leopard AS1 des australischen 1. Panzerregiments (1ARMD, 1st Armoured Regiment des Royal Australian Armoured Regiment) bei der Gefechtsübung »Talisman Sabre« 2005 auf dem Truppenübungsplatz Shoalwater Bay, Queensland, Australien. Am Bug montiert ist das ursprünglich für Kanada entwickelte Minenräumgerät TWMP (Track Width Mine Plough). Dabei handelt es sich um eine Entwicklung der israelischen Firma RAMTA, die zur Israel Aircraft Industries gehört. Der Minenpflug ist breitenverstellbar und räumt den Raum vor den Ketten sowie seitlich links und rechts, während eventuelle Sprengsätze auf der rund 1,5 m breiten Mittelspur von zwei abgesenkten Schienen zur Detonation gebracht werden. Die Einheit wird über das von Krauss-Maffei entwickeltes EEJK (Engineer Equipment Interface Kit) angesteuert. Dafür befindet sich eine aufgeschweißte Hutze mit zwei Steckdosen auf dem Wannendach. Das TWMP nutzt die Aufnahme, die für das Räumschild entwickelt wurde. (Foto: © PD)

Kanada: Leopard C1 / C2

Im Jahr 1976 entschloss sich Kanada zum Ersatz des KPz Centurion durch den Leopard 1 und vergab einen Auftrag zur Lieferung von 114 Fahrzeugen der Version Leopard 1 C1. Diese entsprachen grundsätzlich der Version Leopard 1 A3 (5. Baulos), wiesen aber folgende Änderungen auf:

- Einbau der SABCA-Feuerleitanlage mit Laser-Entfernungsmesser und elektronischem Feuerleitrechner,
- Adaption des passiven Ziel- und Beobachtungsgerätes PZB 200 auf der Blende; einige Jahre später wurde zusätzlich ein Wärmepointer (IRS 100) neben dem PZB 200 installiert,
- Verwendung von belgischen FN-Maschinengewehren,
- Einbau eines kompakten Weißlicht-Scheinwerfers im linken Ausblickkopf des Entfernungsmessers,
- Vorbereitungen zur Aufnahme eines Räumschildes.

Während der Nutzung untersuchte Kanada weitere Kampfwertsteigerungsmaßnahmen – u. a. den Einbau einer leistungsgesteigerten 105-mm-Panzerkanone (IWS) oder den Einsatz von hydropneumatischen Federungselementen (Laser Engineering Ltd.) – keine dieser Maßnahmen wurde später serienmäßig umgesetzt. Lediglich die Ausrüstung des Fahrzeugs mit einer umfassenden Zusatzpanzerung, die u. a. Schutz gegen den Beschuss mit RPG-7 Panzerfaustgranaten geboten hat, wurde ab 1978 bei 26 Fahrzeugen umgesetzt; diese Fahrzeuge erhielten die Bezeichnung Leopard 1 C1 A1.

Eine weitere Modernisierung der Flotte wurde durch den Kauf von 123 Türmen der Version Leopard 1 A5 von der Bundeswehr möglich. Die Umrüstung erfolgte im Zeitraum 1999–2001; die Fahrzeuge mit der Feuerleitanlage FLP-10 erhielten die Bezeichnung Leopard 1 C2. Neben dem geänderten Ausblickkopf war diese Version auch an den deutlich verlängerten Stauboxen am Turmheck erkennbar. Auch für diese Gussturmversion orderte Kanada im Jahr 2000 26 Sets der Zusatzpanzerung; die Bezeichnung dieser umgerüsteten Fahrzeuge lautete Leopard 1 C2 A1.

Typ	Leopard 1 C1
Einführungszeitraum	07/1978–06/1979
Besatzung	4 Mann
Gefechtsmasse	42,4 to
Länge Fahrgestell	6,94 m
Breite über Ketten	3,25 m
Höhe (Turmdach)	2,39 m
Hauptwaffe; Kaliber; Typ	105-mm-L 7 A3 L/51
Munitionsvorrat	59 Schuss
Sekundärwaffe 1; Kaliber	7,62-mm-Blenden-MG
Sekundärwaffe 2; Kaliber	7,62-mm-Fla-MG
Motor; Art	MB 838 CaM 500;10-Zyl.-Diesel; Kompressor
Nennleistung	610 kW
Höchstgeschwindigkeit	65 km/h
Fahrbereich Straße	560 km
Kraftstoffvorrat	985 l
Verbrauch (Straße)	175 l/100 km
Fahrwerksfederung	Drehstab
Panzerung Bug	70 mm (30 Grad)

Mitte der 2000er Jahre beschloss die Kanadische Regierung alle Kampfpanzer ersatzlos außer Dienst zu stellen. Sie folgte damit einem allgemeinen Trend, insbesondere westeuropäischer Staaten. Während des heißer werdenden Einsatzes in Afghanistan wurde jedoch festgestellt, dass die dort eingesetzten Rad-Fahrzeuge zu schwach bewaffnet waren, speziell mit den Wasserläufen überfordert und IED-Ansprengungen eher hilflos ausgeliefert waren. Bei Fahrzeug 66 konnte die Ausphasung der Leopard C2 gestoppt werden, etwa 20 von ihnen wurden mit montiertem Schulz-Kit schnell in den Einsatz gebracht und erfolgreich eingesetzt. Dennoch galt der Leopard 1 als nicht zukunftsfähig und man bemühte sich um Ersatz durch Leopard 2. Nach dem diese geliefert waren, wurden die Leopard C2 noch zu Ausbildungszwecken genutzt, bis der Mangel an nicht mehr nachbeschafften Ersatzteilen dem ein natürliches Ende bereitete.

Luftverlastung eines kanadischen C2 A1 am 7. Oktober 2006 für den Transport vom Luftwaffenstützpunkt Manas in Kirgisistan zum Luftwaffenstützpunkt Kandahar in Afghanistan. Die C-17 Globemaster III trägt den Namen »Spirit of McChord« und wurde 1999 in Dienst gestellt. (Foto: © PD)

Türkei: Leopard T1

Nachdem im Sommer 1979 wegen der anlaufenden Leopard 2-Produktion die Fertigung des KPz Leopard 1 bei Firma Krauss-Maffei eingestellt wurde, musste die Produktionslinie für den Leopard 1 im Herbst 1982 wegen Aufträge von der Türkei und Griechenland erneut geöffnet werden.

Im Rahmen der deutsch-türkischen Rüstungshilfe erhielt die Türkei 77 Kampfpanzer der Version Leopard 1 T1, die – abgesehen von folgenden Änderungen – der Version Leopard 1 A3 des fünften Bauloses entsprachen:

- der Entfernungsmesser EMES 12 A3 erhielt zusätzlich ein Laser-Teil,
- anstelle des aktiven IR-Systems kam das passive Ziel- und Beobachtungsgerät PZB 200 zum Einsatz.

In einer weiteren Lieferung erhielten die türkischen Streitkräfte im Zeitraum 1990–1992 weitere 150 KPz Leopard 1 aus Beständen der Bundeswehr (Leopard 1 A4, die auf den Stand Leopard 1 T1 umgerüstet wurden). Weitere 85 Fahrzeuge aus Beständen der Bundeswehr folgten Mitte der 1990er Jahre.

Typ	Leopard 1 T1
Einführungszeitraum	09/1983–12/1983
Besatzung	4 Mann
Gefechtsmasse	42,4 to
Länge Fahrgestell	6,94 m
Breite über Ketten	3,25 m
Höhe (Turmdach)	2,39 m
Hauptwaffe; Kaliber; Typ	105-mm-L 7 A3 L/51
Munitionsvorrat	60 Schuss
Sekundärwaffe 1; Kaliber	7,62-mm-Blenden-MG
Sekundärwaffe 2; Kaliber	7,62-mm-Fla-MG
Motor; Art	MB 838 CaM 500;10-Zyl.-Diesel; Kompressor
Nennleistung	610 kW
Höchstgeschwindigkeit	65 km/h
Fahrbereich Straße	560 km
Kraftstoffvorrat	985 l
Verbrauch (Straße)	175 l/100 km
Fahrwerksfederung	Drehstab
Panzerung Bug	70 mm (30 Grad)

Die Türkei erhielt parallel zu Griechenland Anfang der 1980er Jahre 77 Leopard T1. Äußerlich entsprach er wegen des das TRP des Komman-

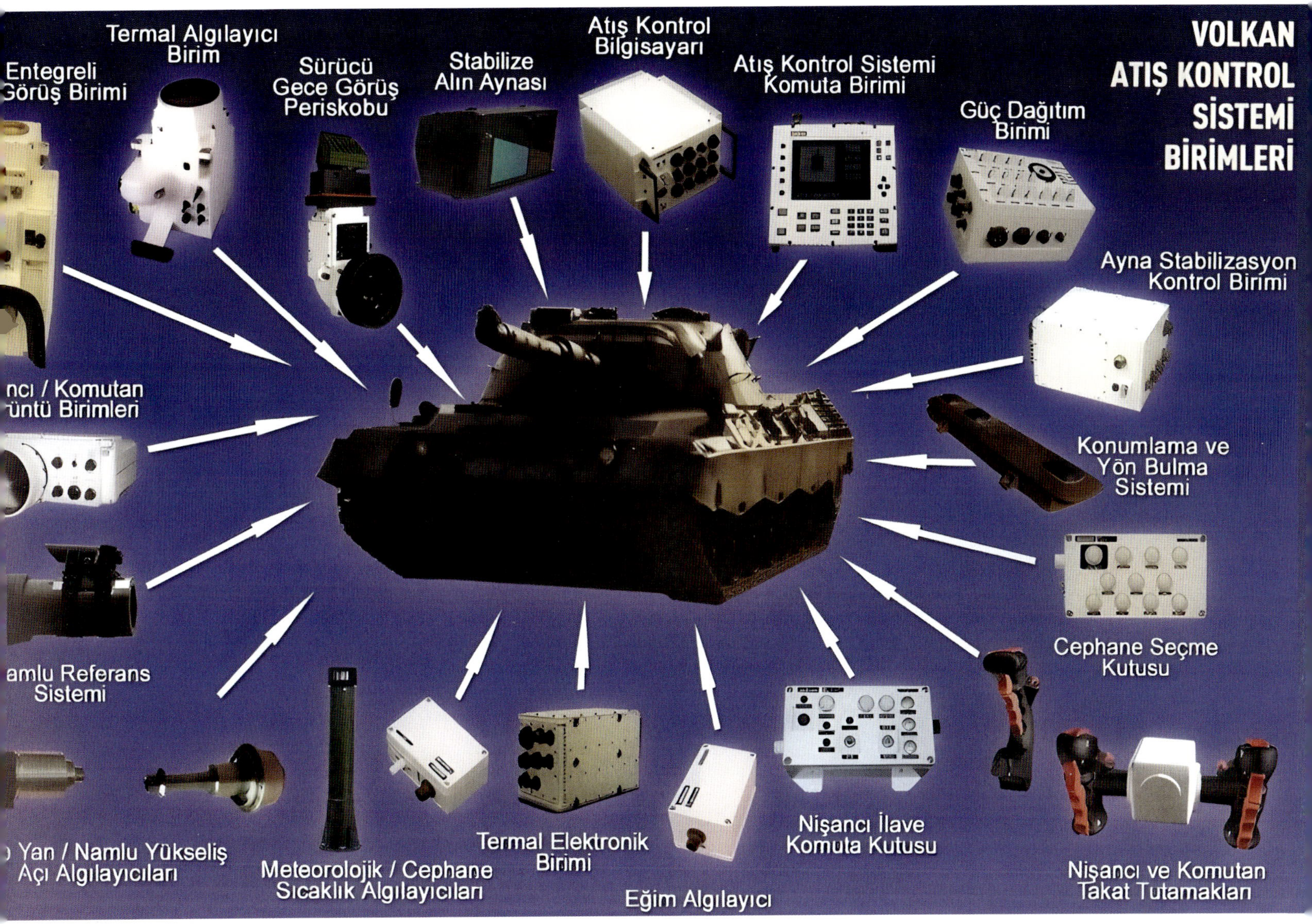

Das Umrüstpaket im Überblick, alle Elemente sind heute Standard bei modernen Feuerleitanlagen.

danten der A3-Version, mit einer modifizierten Feierleitanlage (EMES 12A3) des A4.
Nach der Reduzierung der Bundeswehr-A4-Flotte Ende der 1980er Jahre wurden 150 von diesen auf die T1-Version umgerüstet und ebenfalls an die Türkei gegeben. Dabei entfiel das RERI R14 zugunsten des TRP, was sicherlich eine Verschlechterung darstellte, aber die Gleichheit bezüglich Versorgung und Ausbildung erhöht. Man findet auch die Bezeichnung Leopard 1TU beziehungsweise 1A3TU oder 1A3T1 für diese Ausführung.

Ein LEOPARD 1T (exA1/A1A4), nach Verzögerungen wurden die umgerüsteten Fahrzeuge von der Truppe übernommen.

Ein LEOPARD 1T (exT1/A3T1), wenige wurden auf dieser Schweiß-turm-Basis umgebaut. Erkennbar ist wiederum die Ausblickbaugruppe.

Nach weiteren Reduzierungen Anfang der 1990er Jahre konnten aus dem Bestand der Versionen A1A1 bis A1A4 weitere 170 Leopard 1 übergeben an die Türkei übergeben werden. Diesmal allerdings unverändert, die Bezeichnung lautete daher A1 / A1A4.

2002 erhielt die türkische Firma ASELSAN den Auftrag, die Leopard-1A1/A1A4-Flotte hinsichtlich der Feuerleitung und der Nachtkampffähigkeit zu modernisieren – nachvollziehbar, denn dabei handelt es sich um die Hauptschwächen des Kampfpanzers. Während Antrieb und Schutz nur mit einem hohen Aufwand bei nicht sicherzustellendem Ergebnis modifizierbar sind, gilt der optische Entfernungsmesser (TEM) als unzeitgemäß langsam und nicht präzise genug bei gleichzeitiger Nachtblindheit. Zu diesem Manko gesellten sich die Schwächen beim Schießen aus der Bewegung heraus, insbesondere auf bewegliche Ziele.

Das zunächst für gut vier Jahre geplante Projekt erstreckte sich dann doch auf rund acht Jahre, bis der letzte mit der VOLKAN getauften Feuerleitanlage umgerüstete Leopard 1T ausgeliefert wurde. Im Prinzip ähnelt die Lösung der deutschen Leopard 1A5, ist jedoch umfassender und auf einem technisch aktuelleren Stand. Auch äußerlich gibt es Ähnlichkeiten, denn der Richtschützenausblick befindet sich an gleicher Stelle, baut aber nicht so hoch wie das EMES 18 des Leopard 1A5. Zur VOLKAN-Feuerleitanlage gehört zudem ein Sensormast mittig des Turmheckbereiches. Allen Anschein nach ist die hydraulische Richtanlage verblieben, was möglicherweise nicht ganz so vorteilhaft sein könnte.

Den Quellen zufolge wurden 162 ex-A1/A1A4 (Gussturm mit Zusatzpanzerung) und 9 ex-T1/A3T1 (Schweißturm) auf den Stand Leopard 1T umgerüstet. Über eine weitere Beauftragung ist nichts bekannt. Damit kann von folgendem Bestand der türkischen Leopard-1-Flotte ausgegangen werden, soweit es nicht durch andere Umstände (Unfälle, Kriegsverluste, Umbauten oder ähnlich) zu weiteren Abschreibungen kam:

218 Exemplare T1/A3T1
171 Exemplare 1T (162 ex-A1, 9 ex-T1/A3T1)

Griechenland: Leopard GR 1

Die letzte Produktionsserie des KPz Leopard 1 wurde im Zeitraum 02/1983–04/1984 bei Fa. Krauss-Maffei und Fa. MaK gefertigt. Griechenland erhielt 106 Fahrzeuge der Version Leopard GR 1, die grundsätzlich der Version Leopard 1 A3 des fünften Bauloses entsprachen. Die griechischen Sonderwünsche betrafen:

- Zusätzliche Ausrüstung des EMES 12 A1 mit einem Laser-Teil,
- Ausstattung mit dem passiven Ziel- und Beobachtungsgerät PZB 200 anstelle des aktiven IR-Systems,
- Adaption eines Kollimators an der Rohrmündung für die Feldjustieranlage,
- Ausrüstung mit dem »Tropical-Kit« zur Verbesserung der Kühlleistung bzw. Erhöhung der Motorleistung bei höheren Umgebungstemperaturen,
- hydraulische Endanschläge an Stelle der Kegelstumpffedern bei den Laufrollen,
- speziellen 4-Farben-Tarnanstrich nach griechischen Vorgaben.

Von den Niederlanden erhielt Griechenland im Jahr 1992 168 Fahrzeuge der Version Leopard 1-V. Weitere 75 Kampfpanzer der Version Leopard 1 A5 wurden Ende 1993 aus Beständen der Bundeswehr an die griechischen Streitkräfte geliefert und erhielten dort die Bezeichnung Leopard GR 2. Schließlich wurde im Herbst 1998 nochmals eine Vereinbarung mit Deutschland zur Lieferung von 170 KPz Leopard 1 A5 getroffen.

Typ	Leopard GR 1
Einführungszeitraum	02/1983–04/1984
Besatzung	4 Mann
Gefechtsmasse	42,4 to
Länge Fahrgestell	6,94 m
Breite über Ketten	3,25 m
Höhe (Turmdach)	2,39 m
Hauptwaffe; Kaliber; Typ	105-mm-L 7 A3 L/51
Munitionsvorrat	60 Schuss
Sekundärwaffe 1; Kaliber	7,62-mm-Blenden-MG
Sekundärwaffe 2; Kaliber	7,62-mm-Fla-MG
Motor; Art	MB 838 CaM 500;10-Zyl.-Diesel; Kompressor
Nennleistung	610 kW
Höchstgeschwindigkeit	65 km/h
Fahrbereich Straße	560 km
Kraftstoffvorrat	985 l
Verbrauch (Straße)	175 l/100 km
Fahrwerksfederung	Drehstab
Panzerung Bug	70 mm (30 Grad)

Kampfpanzer Leopard GR 2: Ende 1993 wurden aus Beständen der Bundeswehr 75 KPz der Version Leopard 1 A5 an Griechenland verkauft, weitere 170 KPz folgten im Jahr 1998. Die Fahrzeuge erhielten dort die Bezeichnung Leopard GR 2. Wie das Bild verdeutlicht, wurde die Farbauswahl für den Mehrflecken-Tarnanstrich offenbar optimal auf die Gegebenheiten des griechischen Geländes abgestimmt.

Griechenland nutzt die Leopard 1 Kampfpanzer ohne wesentliche Änderungen. Einige Leopard-1-V wurden durch Ausbau der 105mm Kanone und Anbau eines Pearson-Minenräumpfluges zu Minenräum-/Pionierfahrzeugen umgerüstete. Ohne die Kanone gelten sie damit nicht mehr als Kampfpanzer. Die ehemaligen niederländischen Leopard-1-V sind wohl als Kampfpanzer nicht mehr im Dienst, bei den GR1 (A3-Turm mit EMES 12) ist es unklar, die übernommenen GR 2 / 1A5 sind noch in Nutzung.

Brasilien: Leopard 1 A1 BE / 1A5

Durch die zunehmende Ausstattung der Landstreitkräfte vieler europäischer Nationen mit dem KPz Leopard 2 konnten in den 1990er Jahren vermehrt gebrauchte Leopard 1 auf dem Weltmarkt zum Verkauf angeboten werden. Als Interessenten für den Leopard 1 traten nun Staaten auf, deren Streitkräfte teilweise noch mit Kampfpanzermodellen aus dem Zweiten Weltkrieg (SHERMAN M 4 usw.) ausgerüstet waren. Für diese Streitkräfte bedeutete der Kauf des Leopard 1 einen gewaltigen Modernisierungsschub! Zu diesen Staaten zählten u. a. Chile und Brasilien.

Beiden Staaten wurden gebrauchte KPz Leopard 1 von den Niederlanden und Belgien angeboten. Offenbar machte Belgien im Jahr 1997 für Brasilien das günstigere Angebot, sodass Brasilien von dort 87 Kampfpanzer der Version Leopard 1 BE zur Ablösung von KPz M 60 bezog. Später folgte nochmals ein weiterer Kauf von 41 belgi-

Typ	Leopard 1 A1
Einführungszeitraum	1997/1998
Besatzung	4 Mann
Gefechtsmasse	40,0 to
Länge Fahrgestell	6,94 m
Breite über Ketten	3,25 m
Höhe (Turmdach)	2,39 m
Hauptwaffe; Kaliber; Typ	105-mm-L 7 A3 L/51
Munitionsvorrat	60 Schuss
Sekundärwaffe 1; Kaliber	7,62-mm-Blenden-MG
Sekundärwaffe 2; Kaliber	7,62-mm-Fla-MG
Motor; Art	MB 838 CaM 500;10-Zyl.-Diesel; Kompressor
Nennleistung	610 kW
Höchstgeschwindigkeit	65 km/h
Fahrbereich Straße	560 km
Kraftstoffvorrat	985 l
Verbrauch (Straße)	175 l/100 km
Fahrwerksfederung	Drehstab
Panzerung Bug	70 mm (30 Grad)

Am 7. September, dem brasilianischen Unabhängigkeitstag (hier: 2019) strömen Zehntausende die Esplanada dos Ministérios in Brasília, um der traditionellen Parade beizuwohnen. Brasilien plant laut Defense Express, bis zum Jahr 2030 insgesamt 52 Leopard 1 A5 einer Kampfwertsteigerung zu unterziehen. Zum Zeitpunkt der Meldung vom Januar 2023 wurden zwei Optionen diskutiert: Die »kleine Lösung« umfasst den Austausch bzw. die Modernisierung des Feuerleitsystems, die Integration des Basisführungssystems (C2), den Austausch optisch-elektronischer Geräte und der Klimaanlage. Die »große Lösung« sieht darüber hinaus einen Austausch hydraulischer Mechanismen im Turm, ein Laser-Bedrohungserkennungssystem, ein Trägheitsnavigationssystem, ein automatisches Feuerlöschsystem und weitere Verbesserungen vor. Damit soll die Nutzungsdauer des Waffensystems um mindestens 15 Jahre verlängert werden. (Foto: © Keven Kobalchini, Ministério da Defensa, cc-by-sa 2.0)

schen Kampfpanzern. Soweit bekannt, wurden an den Fahrzeugen keine technischen Änderungen vorgenommen.

Brasilien befand sich seit 1994 in Verhandlungen mit Russland zur Lieferung von KPz des Typs T-72 S. Bemerkenswerterweise hat sich Brasilien dann für den Kauf der Leopard 1 entschieden, obwohl der T-72 bei einigen Leistungsmerkmalen (Feuerkraft, Schutz) eine Überlegenheit aufwies.

In 2006 unterzeichnete Brasilien einen Vertrag mit Deutschland zur Lieferung von 220 KPz Leopard 1 A5; die Lieferung der 220 Kampfpanzer sowie weiterer Unterstützungsfahrzeuge erfolgte im Zeitraum 2009 bis 2012. Durch die modernere Version sollten die aus Belgien bezogenen Fahrzeuge aus den Panzer-Regimentern herausgelöst werden. Die älteren belgischen KPz werden den Aufklärungsregimentern zugeteilt.

Die Flussüberquerung fand im Rahmen der Operation Laçador mit gepanzerten Fahrzeugen der 6. Panzerinfanteriebrigade statt. Während der Operation war sie der 6. Armeedivision unterstellt (Quelle), normalerweise ist sie jedoch Teil der 3. Armeedivision. (Foto: Jorge Cardoso, Ministério da Defesa)

Leopard beim Durchwaten eines Flusses im Rahmen der Operation Laçador. (Foto: Jorge Cardoso, Ministério da Defesa)

Chile: Leopard 1-V

Chile hatte in seinen Streitkräften noch Kampfpanzer vom Typ M 50 SHERMAN sowie leichte Panzer des Typs M 41 im Bestand. Hier bot sich im Jahr 1998 die Gelegenheit für einen Ankauf von 202 gebrauchten KPz Leopard 1-V aus den Niederlanden; damit konnten drei Panzer-Regimenter ausgestattet werden. Vor der Auslieferung wurden die Fahrzeuge noch mit dem passiven Ziel- und Beobachtungsgerät PZB 200 ausgerüstet. Teilweise erhielten die Fahrzeuge in Chile einen neuen Tarnanstrich, der dem wüstenähnlichen Charakter weiter Landstriche in Chile entsprach.

Offenbar hat Chile mit den deutschen Panzerkonstruktionen sehr gute Erfahrungen gemacht, da es sich in der Folgezeit für einen interessanten Kunden für die Bundeswehr entwickelte. So kaufte Chile im Jahr 2004 140 Leopard 2 A4; im Jahr 2008 wurde der Kauf von 30 FlakPz Gepard beschlossen und im Jahr 2009 begann die Lieferung von 200 SPz Marder nach Chile. Die in Nutzung befindlichen Leopard 1 wurden reduziert. Letztlich hat man zunehmend Probleme mit der Ersatzteilversorgung.

2005 wurde bekannt, dass 30 chilenische KPz Leopard 1-V nach Ablösung durch den Leopard 2 an Ecuador weiterverkauft werden sollen. Eine Bestätigung, auch in Form von Bildern, liegt dem Autor nicht vor.

Typ	Leopard 1-V
Einführungszeitraum	1999/2000
Besatzung	4 Mann
Gefechtsmasse	40,0 to
Länge Fahrgestell	6,94 m
Breite über Ketten	3,25 m
Höhe (Turmdach)	2,39 m
Hauptwaffe; Kaliber; Typ	105-mm-L 7 A3 L/51
Munitionsvorrat	60 Schuss
Sekundärwaffe 1; Kaliber	7,62-mm-Blenden-MG
Sekundärwaffe 2; Kaliber	7,62-mm-Fla-MG
Motor; Art	MB 838 CaM 500;10-Zyl.-Diesel; Kompressor
Nennleistung	610 kW
Höchstgeschwindigkeit	65 km/h
Fahrbereich Straße	560 km
Kraftstoffvorrat	985 l
Verbrauch (Straße)	175 l/100 km
Fahrwerksfederung	Drehstab
Panzerung Bug	70 mm (30 Grad)

Ukraine:

Die Ausstattung der Ukraine mit westlichem Militärgerät nach dem völkerrechtswidrigen Überfall Russlands hing anfangs sehr stark vom Charakter des Geräts ab. Relativ früh kam der Leopard 1 basierte Flugabwehrpanzer Gepard ins Spiel. Auf Grund seiner grundsätzlichen »Abwehr-Aufgabe«, also einer defensiven Rolle, tat sich die Politik sehr leicht, diese freizugeben.
Im Bereich Kampfpanzer sah dies anders aus. Erst nach rund elf Monaten wurde erlaubt, dass andere Nationen Kampfpanzer Leopard 2 abgeben durften, und die Bundesrepublik Deutschland spendete ebenfalls welche. Diese wurden bei nahezu allen Nationen aktiven Beständen entnommen. Überwiegend handelte es sich dabei um A4-Versionen. Weitere Leopard 2 wurden in einem sogenannten Ringtausch an Länder gegeben, die wiederum eine größere Anzahl von T-72-Panzern der Ukraine überlassen haben. Nachdem auf diesem oder anderen Wege keine Leopard 2 mehr verfügbar sind, fiel nun der Blick auf ältere Modelle. So kam der Leopard 1 wieder ins Gespräch, welcher in Mittel- und Nordeuropa aber bei keinen Streitkräften mehr im Dienst stand, sondern nur noch in Firmen- beziehungsweise Privatbesitz verfügbar war.
Die Firma FFG aus Flensburg hatte bei Außerdienststellung von Leopard 1 der dänischen Armee 99 Exemplare ohne konkrete Vermarktungsaussichten abgekauft und diese anschließend überwiegend wettergeschützt gelagert. Dabei handelt es sich um die Version 1A5DK, teilweise

auch 1A5DK-1 mit Stromerzeugeraggregat im Turmheck und anderen kleinen Änderungen. Diese Kampfpanzer haben damit also die EMES 18 Feuerleitanlage mit Wärmebildgerät. Versuche, diese Fahrzeuge zu vermarkten, verliefen im Sande. Das zeitweise Überangebot an Leopard 2 sowie die relativ strickten Ausfuhrbegrenzungen setzten dem Erfolg enge Grenzen, so dass schon über eine Verschrottung nachgedacht wurde. Mittlerweile sind diese Fahrzeuge, zusammen mit weiteren, noch in Dänemark vorhandenen Leopard, für die Abgabe an die Ukraine vorgesehen. Die Firma KMW (mittlerweile umbenannt in KNDS) setzt dabei die Türme instand, während FFG selbst die Fahrgestelle überarbeitet. Auf diesem Wege sollen über 130 KPz Leopard 1A5 ex-DK der Ukraine zur Verfügung gestellt werden.
2016 kaufte der schweizerische, bundeseigene Rüstungskonzern RUAG 100 Kampfpanzer Leopard 1 in der Version A5 aus Italien. Von diesen sind noch 96 vorhanden, welche von der Firma Rheinmetall, anscheinend ohne Machbarkeit abschließend zu klären, im Frühjahr 2023 für die Ukraine angeboten wurden. Noch davor (2019) waren 25 dieser Panzer an die deutsche Firma GLS verkauft, von dieser aber nicht abgeholt worden. Auf Grund der noch zu klärenden Situation von Exportmöglichkeiten und Eigentumsverhältnissen bleibt zunächst unklar, ob diese Panzer überhaupt den Weg in die Ukraine finden werden.
Erfolgreicher war Rheinmetall beim Ankauf von ehemals belgischen Leopard 1 von dem belgischen Unternehmen OIP Land Systems, welche die Fahrzeuge 2014 wiederum vom belgischen Staat erworben hatte. In einem von Deutschland finanzierten Vorhaben werden aus den 50 Leopard 1A5BE insgesamt 30 Stück wieder instandgesetzt. Diese verfügen aber als Besonderheit über die zwar gute, aber wenig verbreitete Feuerleitanlage von SABCA. Hier dürfte der Hauptgrund liegen, dass 20 der Fahrzeuge zur Ersatzteilgewinnung herangezogen werden.

Der Kampfpanzer Leopard 1 im Einsatz in der Ukraine

Erwartbar war, dass der Leopard 1 im klassischen Einsatz als Kampfpanzer keine Rolle spielen würde: Die Panzerung ist schlicht zu schwach, und im Vergleich zu ähnlich alten T-Modellen russischer Bauart auch nicht mit Reaktiv-Panzerung nachgerüstet. Die Mobilität ist gut, wenn auch nicht überragend, kann aber bei der aktuellen Kriegsführung kaum im Angriff genutzt werden. Zum Hakenschlagen bei Drohnenangriffen ist sie hilfreich. Die Reichweite und Treffleistung der Kanone wird begrüßt, für das eher kleine Kaliber 105mm gibt es genügend Ziele, gegen modernere T-72 und T-90 Versionen wäre sie nicht hinreichend. Ein großer Vorteil ist das Wärmebildgerät. Es erlaubt auch Bewegungen und Feuerkampf in der Nacht, wenn die Bedrohung durch Drohnen geringer ist. Nicht unterschätzt werden darf auch das allgemeine Alter der Fahrzeuge. Ausfälle diverser Baugruppen dürfte keine Seltenheit sein, bei eher dürftiger Ersatzteilversorgung.

Die von einigen »Experten« geäußerte Einschätzung, dass die Leopard 1 der Ukraine wenig hilfreich sein würden, wird hier nicht geteilt. Jeder Panzer ist immer noch besser als gar kein Panzer. Dieses entstammt Aussagen von ukrainischen Personen, welche die durch die Drohnen herbeigeführte Änderung des Kriegswesens täglich erleben.

Im November 2023 gab Rheinmetall bekannt, weitere Leopard 1-Systeme an die Ukraine zu liefern. Der Auftrag umfasste 25 Kampfpanzer des Typs Leopard 1A5, fünf Bergepanzer (BPz 2) sowie zwei Fahrschulpanzer. Garniert wurde die Meldung mit dem Foto dieses Leopard 1A5 ex-Bw, wobei bislang, so weit bekannt, lediglich von bzw. über Rheinmetall aufgearbeitete Leopard 1A5BE geliefert wurden. (Foto: © Rheinmetall)

nahm den Munitionsvorrat sowie eine Ladeautomatik auf. Am Heck des Turmes befand sich eine Kühlanlage für den Kampfraum; der Turm wog voll ausgerüstet 17,75 to.
Der Turm wurde auf ein Fahrgestell aufgesetzt, welches aus logistischen Gründen Antriebs- und Laufwerkselemente des Leopard 1 enthielt. Das Gehäuse war aus Flussstahl gefertigt und hatte eine Breite von 3,51 m. Im Fahrgestell war ein Hilfsmotor (74 kW) zur Versorgung der Stabilisierungsanlage untergebracht. Vor dem Turm war im Fahrzeugbug mittig der Fahrerplatz angeordnet. Bei Bedarf sollte das Fahrzeug auch vom Turm aus gefahren werden können – hierfür war eine Kamera auf der oberen Bugplatte installiert. Über die Treffergebnisse liegen keine Angaben vor. Es kann jedoch vermutet werden, dass der komplexe Turmantrieb zu häufigen Ausfällen neigte. Die Antriebselemente waren dabei äußerst schlecht zugänglich. Aus technischen wie auch aus Kostengründen kam es nicht zu einer serienmäßigen Umsetzung dieses Konzeptes.
Heute wird bei modernen Kampfpanzern der Verkantungsausgleich durch einen Kreisel (Vertikalsensor) realisiert, der die aktuelle Position des Fahrzeugs zum erdfesten System mit hoher Dynamik in den Rechner einspeist.

Gefechtsfeldversuchsträger GVT

Nachdem Anfang der 1970er Jahre die ersten Laser-Lichtschuss-Simulatoren (TALLISSI) und auch Mehrkanal-Telemetrieanlagen verfügbar waren, bestand die Möglichkeit zur Durchführung von Feldversuchen. In diesen praxisorientierten Versuchen konnten relevante Gefechtsdaten – wie z. B. Reaktionszeiten, Treffwahrscheinlichkeiten, Trefferlagen unter realen Bedingungen ermittelt werden. Im Auftrag des BMVg entstanden in den 1970er Jahren fünf Gefechtsfeldversuchsträger (GVT 01–05), die insbesondere Aussagen zur Durchführbarkeit von Gefechten mit hoch beweglichen Doppelrohr-Kasemattpanzern liefern sollten.
Beim Bau der Fahrzeuge wurde aus logistischen Gründen auf Antriebs- und Laufwerkselemente des Leopard 1 zurückgegriffen. Um die taktische Beweglichkeit der Fahrzeuge zu erhöhen, wurde eine möglichst kurze Kettenaufstandslänge realisiert. Bei dem Motor wurde durch Abgasturboaufladung und Drehzahlerhöhung die Nennleistung gesteigert. Der Einsatz der fünf GVT erfolgte in Zusammenarbeit mit der Gefechtsdaten-Erfassungsanlage (GDEA) vorwiegend auf dem Gelände von Fa. IABG in Lichtenau in der Nähe von Paderborn. Mit dem GVT 05 und dem Doppelrohr-Kasematt-Versuchsträger VT 1-2 wurde im Herbst 1975 auch ein Truppenversuch an der damaligen Panzertruppenschule in Munster durchgeführt. Die Panzertruppe war von dem revolutionären Panzerkonzept wenig begeistert, sodass der größte Teil dieser Fahrzeuge als interessante Exponate in diversen Museen endete.

Typ	Gefechtsfeldversuchsträger GVT
Baujahr	1976
Besatzung	3 Mann
Gefechtsmasse	30,2 to
Länge Fahrgestell	6,30 m
Breite über Ketten	3,69 m
Höhe (Turmdach)	2,03 m
Hauptwaffe; Kaliber	2 x 120 mm (Attrappen)
Munitionsvorrat	-
Sekundärwaffe 1; Kaliber	-
Sekundärwaffe 2; Kaliber	-
Motor; Art	10-Zylinder-Diesel mb 838 Ka 500
Nennleistung	920 kW
Höchstgeschwindigkeit	68 km/h
Fahrbereich Straße	k. A.
Kraftstoffvorrat	350 l
Verbrauch (Straße)	k. A.
Fahrwerksfederung	Drehstab mit Schaltspeicher

Experimentalentwicklung (KPz Keiler)

Noch bevor die Serienfertigung des KPz Leopard 1 im Herbst 1965 anlief, hatte Fa. Porsche eine Studie mit möglichen Kampfwertsteigerungsmaßnahmen ausgearbeitet. Dabei sollten für alle drei Kampfwertkriterien (Feuerkraft, Beweglichkeit und Schutz) entsprechende Verbesserungsvorschläge eingebracht werden. Zur systemtechnischen Untersuchung der neuen Komponenten wurden im Zeitraum 1969–1971 im Rahmen des Vorhabens »Experimentalentwicklung« zwei Erprobungsträger (ET 01, ET 02) gebaut; diese Fahrzeuge wurden zeitweilig auch als KPz »Keiler« bezeichnet. Bei den beiden Erprobungsträgern wurden schließlich Baugruppen eingebaut, die:

a) ohne größeren Aufwand in den KPz Leopard 1 zur Kampfwertsteigerung hätten nachgerüstet werden können,

b) im Rahmen einer Grundsatzentwicklung den Fortschritt in der betreffenden Baugruppentechnologie widerspiegelten.

Die beiden Erprobungsträger wurden erstmals mit einem Schweißturm in Schottbauweise ausgestattet, der in ähnlicher Form später bei den KPz Leopard 1 A3 und A4 sowie bei den Prototypen des KPz Leopard 2 verwendet wurde. Die Abgas-/Abluftgrätings wurden wegen des stärkeren Triebwerks und der geänderten Kühlanla-

Typ	Kpz Keiler
Baujahr	1970
Besatzung	4 Mann
Gefechtsmasse	46,2 to
Länge Fahrgestell	7,58 m
Breite über Ketten	3,42 m
Höhe (Turmdach)	2,43 m
Hauptwaffe; Kaliber	105-mm-Glattrohr L/51
Munitionsvorrat	k. A.
Sekundärwaffe 1; Kaliber	7,62-mm-Fla-MG
Sekundärwaffe 2; Kaliber	7,62-mm-Blenden-MG
Motor; Art	10-Zyl.-Diesel mb 872
Nennleistung	920 kW
Höchstgeschwindigkeit	65 km/h
Fahrbereich Straße	450 km
Kraftstoffvorrat	k. A.
Verbrauch (Straße)	k. A.
Fahrwerksfederung	Drehstab

ge in die Heckwand des Fahrzeugs verlegt. Noch während sich die beiden Erprobungsträger im Bau befanden, wurde Ende 1969 das seit sechs Jahren laufende, bilaterale Panzerprogramm KPz 70 abgebrochen. Somit entstand über Nacht für die Bundeswehr eine völlig neue Situation, da nunmehr Deutschland allein einen neuen Kampfpanzer zur Ablösung der KPz M 48 entwickeln musste. Aus Zeit- und Kostengründen wurden für das folgende Leopard 2-Programm sowohl Baugruppen der Experimentalentwicklung wie auch Baugruppen aus dem KPz 70-Programm übernommen.

Versuchsträger Gesamtschutz (VTGS)

Nachdem Anfang der 1970er Jahre IR-Detektoren mit der dazugehörigen Peripherie in großen Serien hergestellt werden konnten, wurde diese Technologie zunehmend für die Aufklärung (Wärmebildgeräte) wie auch für die automatische Lenkung von Flugkörpern und Artilleriemunition eingesetzt. In Verbindung mit Radargeräten konnte eine Falschzielbekämpfung erheblich reduziert werden, sodass Anfang der 1980er Jahre die erste »intelligente Artilleriemunition« verfügbar war. Diese intelligente Munition stellte für Panzerfahrzeuge eine neue und ernsthafte Bedrohung dar. Im Gegenzug entwickelte man auf der Fahrzeugseite Maßnahmen zur Reduzierung der IR- und Radarsignatur, um eine Aufklärung bzw. Zielbekämpfung zu erschweren.
Zu diesem Zweck wurde bei der Bundeswehr u. a. der »Versuchsträger Gesamtschutz« (VTGS) gebaut und untersucht. Das Fahrzeug basierte auf einem Fahrgestell des KPz Leopard 1 mit Schweißturm. Das Getriebe wurde modifiziert, um an Stelle der seitlichen Flachkühler eine

Ringkühlanlage einbauen zu können. Damit war ein abgeschirmter Abgas- und Kühlluftaustritt im Heck möglich. Neben Maßnahmen der IR-Tarnung wurde auch die Radarsignatur reduziert, was im Wesentlichen durch eine spezielle Formgebung sowie Beschichtungen erfolgte. Ebenso wurden die Sonderpanzerungselemente (Attrappen) durch Schockschutzelemente an dem Gehäuse adaptiert. Der VTGS wurde Mitte der 1980er Jahre in der Außenstelle von Fa. Pietzsch GmbH in Schlangen (bei Paderborn) gebaut. Die Erkenntnisse aus diesen Grundlagenuntersuchungen flossen später in die Konstruktion der Fahrzeuge BOXER und PUMA ein.

KPz Leopard 1 im Wärmebild: Trotz Vermischung der Abgase mit der Kühlluft zeigt der KPz Leopard 1 bei der Betrachtung mit einem Wärmebildgerät im Bereich der Abgasgrätings einen ausgesprochenen »hot-spot«. Ein weiteres Problem stellt die Triebwerksraumentlüftung dar: hier strömt die erwärmte Luft aus den Grätings in der vorderen Triebwerksraumabdeckung nach oben weg und erwärmt entweder die Turmunterkante (bei Turmstellung 12.00 Uhr) oder (wie hier) die Wärmeschutzhülle der Hauptwaffe.

Versuchsträger Gesamtschutz (VTGS) in der Seitenansicht: Durch besondere konstruktive Vorkehrungen sollten beim VTGS sowohl die IR-Signatur wie auch die Radar-Signatur deutlich reduziert werden. Durch die Verwendung eines Ringkühlers konnte ein Abluft-/Abgasaustritt im Heck des Fahrzeugs realisiert werden, der zusätzlich durch eine Blende abgedeckt wurde. Auf dem Bild sind auch die speziellen Formgebungsmaßnahmen zur Reduzierung des Radar-Rückstrahlquerschnitts (RCS) erkennbar.

Das Bild ermöglicht einen Blick von unten in die Abdeckblende am Fahrzeugheck. Da auch die akustische Signatur reduziert werden sollte, verfügt der VTGS über einen Schalldämpfer. Erkennbar ist die große Öffnung im Wannenheck für den Austritt der Kühlluft aus dem Ringkühler. Die hintere Wand der Blende wurde innen mit einer Isolierschicht versehen.

Der VTGS im Wärmebild: Durch die IR-Tarnmaßnahmen konnte der hot-spot an den Wannenseiten vermieden werden. Das Fahrzeug wurde bei der Aufnahme auch durch die Sonne aufgeheizt – hier macht sich die geringere Wärmekapazität der im hinteren Fahrzeugteil verwendeten GFK-Platten durch eine leicht erhöhte Temperatur bemerkbar. Vor dem Triebrad ist ein kleines Stück der deutlich erwärmten Seitenwand des Triebwerkraumes ersichtlich.

Jagdpanzer (JPz) Panther

Anfang der 1980er Jahre wurde bei der Bundeswehr für die gepanzerten Kampftruppen ein neues Ausrüstungskonzept erarbeitet. Kernstück war dabei das Vorhaben »Kampfwagen 90« (KW 90), in dessen Rahmen folgende Fahrzeugvarianten entwickelt werden sollten:

- Schützenpanzer,
- Jagdpanzer,
- Hubschrauber-Abwehrpanzer,
- Panzerabwehrkampfwagen,
- Mörserträger.

Der Jagdpanzer Panther sollte in den 1990er Jahren den JPz Jaguar bei den Panzerjägern ablösen; später wurde diesem Fahrzeug zusätzlich auch die Aufgabe der Hubschrauberabwehr übertragen. Als Besonderheit sollte der neue Jagdpanzer über eine elevierbare Plattform verfügen (die Frage, ob bemannt oder unbemannt, wurde später zu Gunsten der unbemannten Version entschieden). Von der erhöhten Plattform versprach man sich eine höhere Gefechtswirksamkeit, insbesondere im Hinblick auf die Gefechtsfeldbeobachtung und Zielaufklärung. Mitte der 1980er Jahre legten mehrere Firmen verschiedene Konzeptideen auf Rad- und Kettenfahrgestellen für dieses Fahrzeug vor. Nach einer amtlichen Bewertung wurde 1988 der Vorschlag von Fa. Wegmann & Co für den Jagdpanzer Panther als kostengünstigste Lösung ausgewählt. Fa. Wegmann hatte als Trägerfahrzeug ein Fahrgestell des KPz Leopard 1 vorgesehen. In die Drehkranzzarge wurde ein Kampfraummodul eingesetzt, welches – neben zwei Bedienstän-

Holzmodell des Jagdpanzers Panther: Im Rahmen des Vorhabens »Kampfwagen 90« (KW 90) war Mitte der 1980er Jahre ein Jagdpanzer mit einer elevierbaren Waffenplattform als Nachfolger für die Jagdpanzer Jaguar 1 und Jaguar 2 geplant. Fa. Wegmann & Co. in Kassel hatte die attraktive und kostengünstige Idee, für das Fahrzeug frei werdende Fahrgestelle des KPz Leopard 1 zu nutzen und an Stelle des Turmes das Kampfraummodul inkl. der Hubeinrichtung und der Waffenplattform aufzusetzen.

den für den Kommandanten und den Lenkschützen – die Hubeinrichtung und die Plattform mit der Sensorik und die Launcher aufnahm. Um das Triebwerk ziehen zu können, konnte die Plattform um 90 Grad geschwenkt werden.
Nach der Wiedervereinigung im Jahr 1989 und dem damit verbundenen Wegfall der Panzerbedrohung aus dem Osten wurde das KW 90-Programm aufgegeben. Lediglich der SPz PUMA überlebte als einzigste Version der geplanten Fahrzeugpalette. Eine weitere Folge des Wegfalls der massiven Panzerbedrohung durch Verbände des Warschauer Paktes war die komplette Auflösung der Panzerjägertruppe im Heer der Deutschen Bundeswehr. Ein Teil der Jaguar wurde nach Österreich verkauft – der größte Teil der Fahrzeuge jedoch verschrottet.

Trilateraler Versuchsträger (TVT)

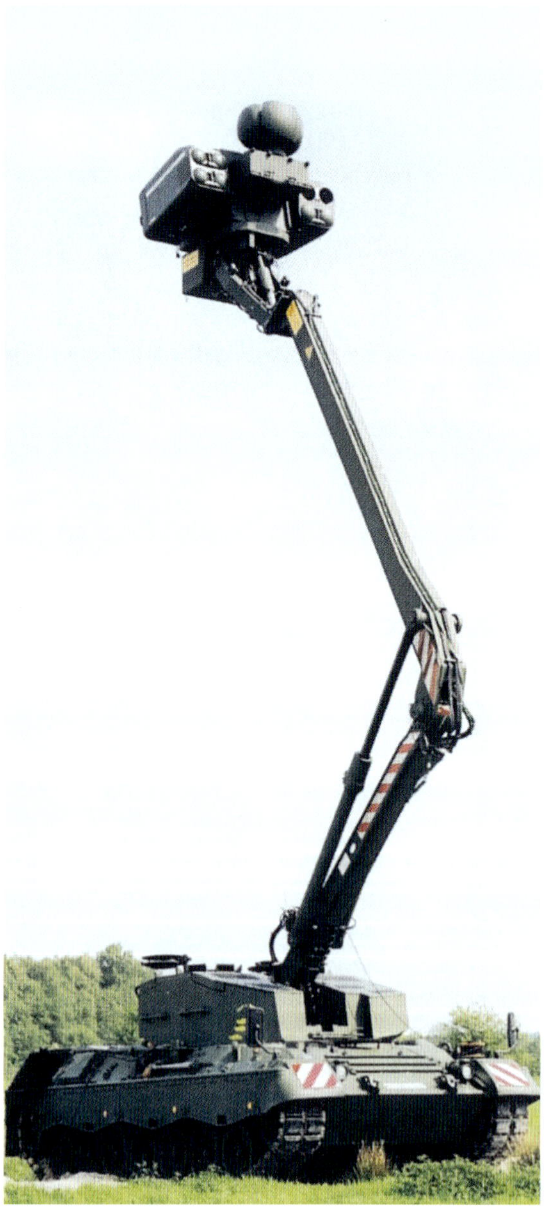

Im Jahr 1981 vereinbarten Frankreich, Großbritannien und Deutschland die gemeinsame Entwicklung des Flugkörpers PARS 3 LR (Panzerabwehr-Raketensystem 3 – Lange Reichweite), der in den 1990er Jahren den Lenkflugkörper HOT ablösen sollte. Der Flugkörper sollte sowohl von einem Hubschrauber wie auch von einem Fahrzeug aus eingesetzt werden können. Am Ende der Entwicklung sollten entsprechende Nachweise geführt werden.
Interessanterweise einigten sich die drei Nationen 1991 darauf, für den Nachweis der Verschießbarkeit des Systems von einer bodengestützten Plattform aus, das deutsche Konzept für den Jagdpanzer Panther zu nutzen. Dieses Konzept sah den Abschuss des Lenkflugkörpers von einer elevierbaren Plattform aus vor. Als Trägerfahrzeug diente ein KPz Leopard 1, in dessen Drehkranzzarge ein Kampfraummodul eingesetzt wurde; dieses nahm die Bedienstände und die Hubeinrichtung mit der Plattform auf.
Die Fertigstellung des Trilateralen Versuchsträgers erfolgte 1995. Der TVT hatte ein Gefechtsgewicht von 41,5 to. Die Plattform konnte durch einen Knickarm-Mast in weniger als 30 sec bis auf eine Höhe von 12,5 m angehoben werden.
Im Kampfraummodul befanden sich zwei Bedienstände (Kommandant und Lenkschütze). Über Monitore erfolgte von dort aus die Gefechtsfeldbeobachtung, Zielaufklärung, Zielauswahl und Einweisung des ausgewählten Flugkörpers. In der Plattform befand sich ein OSIRIS-Visier mit einem stabilisierten Ausblickspiegel sowie die Launcher für insgesamt acht Flugkörper.
Die Schießversuche im Jahr 1996 auf der Wehrtechnischen Dienststelle 91 (Meppen) verliefen

erfolgreich. Weniger erfolgreich verlief das Gesamtprogramm PARS 3 LR, bei dem 1993 Großbritannien seinen Ausstieg verkündet hatte und Frankreich im Jahr 2005 eine Beschaffung der Flugkörper auf unbestimmte Zeit verschoben hat. Nach einer gut 30-jährigen (!) Entwicklungszeit und Überwindung vielfältiger technischer Probleme begann im November 2015 bei Fa. MBDA (Schrobenhausen) die Serienproduktion des PARS 3 LR. Gemäß Vertrag wurden 674 Flugkörper bestellt; der Systempreis soll ca. 560.000 Euro pro Flugkörper betragen.

Typ	TVT
Einführungszeitraum (geplant)	2009–2014
Kampfentfernung (max.)	5000 m
Länge des Flugkörpers	1,60 m
Durchmesser des Flugkörpers	15,5 cm
Gewicht des Flugkörpers	41 kg
Geschwindigkeit	290 m/sec
Flugzeit auf 4500 m	14,5 sec
Gefechtskopf	Tandem-Hohlladung
Lenkverfahren	IR-Zielortung (fire and forget)

Leopard 1-Turm auf PUMA-Fahrgestell

1983 begannen die Firmen KRAUSS-MAFFEI und DIEHL mit ersten konzeptionellen Studien für eine leichte Kettenfahrzeugfamilie. Drei Jahre später war ein erstes Prototyp-Fahrgestell fertig, welches unter dem Namen PUMA der Öffentlichkeit vorgestellt wurde. Das Fahrgestell war als Fronttriebler ausgelegt, sodass damit günstige Voraussetzungen für die Bildung einer kompletten Fahrzeugfamilie vorlagen. Die Fahrzeuge sollten einen Gewichtsbereich von 16–34 to abdecken; hierfür waren verschiedene Triebwerke sowie Fahrwerke mit vier, fünf und sechs Laufrollen vorgesehen. Das Konstruktionsziel aller Fahrzeuge war eine kostenoptimale Auslegung, da ursprünglich seitens der Hersteller vorgesehen war, die M 113-Flotten in den verschiedenen Streitkräften durch ein zeitgemäßes und leistungsfähiges Fahrzeug Ende der 1980er Jahre abzulösen.

Ende 1993 wurde auch eine Variante mit einem Turm des KPz Leopard 1 A5 präsentiert; das Gefechtsgewicht lag bei 36 to. Aufgrund des relativ geringen Schutzes wurde diesem Fahrzeug die Rolle eines Jagdpanzers zur Panzerabwehr zugedacht. Vergleichbare Grundkonzepte (Turmpanzer mit Fronttriebwerk) stellten der leichte argentinische Panzer TAM auf Fahrgestell des SPz Marder sowie der israelische KPz MERKAVA dar. Obgleich eine Reihe von Prototypen der PUMA-Familie bei der Bundeswehr sowie in der Türkei, Norwegen und in der Schweiz erprobt wurde, blieb ein Serienauftrag aus.

Container für Gefechtsfeldversuche

Mitte der 1970er Jahre konnten mit den Gefechtsfeld-Versuchsträgern (GVT; s. d.) unter Nutzung von Laser-Lichtschuss-Simulatoren und Telemetrieanlagen erfolgreich Ergebnisse aus praxisnahen Feldversuchen gewonnen werden. Während die Versuche mit den GVT zum Ziel hatten, die Einsatzmöglichkeiten von Doppelrohr-Kasemattpanzern und das damit verbundene Zieldurchgangsverfahren bei der Zielbekämpfung zu untersuchen, wollte der Rüstungsbereich Anfang der 1980er Jahre die Feldversuche auch zur Gewinnung von allgemein gültigen Gefechtsdaten ausdehnen. Zu diesem Zweck wurden mehrere »Container« gebaut, die in die Drehkranzzarge eines Leopard 1-Fahrgestells eingesetzt werden konnten. Die Container stellten einen Kampfraum dar und wurden mit Laser-Waffensimulatoren sowie optischen und optronischen Sichtmitteln ausgestattet. Hierbei konnte sowohl die Art der simulierten Bewaffnung wie auch die Zielmittel und die Aufgabenverteilung innerhalb der Besatzung variiert werden. Ziel der Feldversuche mit den Containern war es, neue Konzeptionen für zukünftige Kampfpanzer zu finden, die insbesondere eine kürzere Reaktionszeit bei der Zielbekämpfung erwarten lassen.
Die Versuche wurden in den 1980er Jahren überwiegend auf dem Versuchsgelände von Fa. IABG in Lichtenau in der Nähe von Paderborn durchgeführt.

Leopard 1 inside

Kampfraumgestaltung allgemein

Die Auslegung des KPz Leopard 1 entspricht dem Standardkonzept eines Turmpanzers mit vier Mann Besatzung und Triebwerk im Heck. Im Turm sind drei Besatzungsmitglieder untergebracht (Kommandant, Richtschütze und Ladeschütze). Hierbei legt der Ladeschütze die gesamte Besatzungsanordnung fest, da er optimalerweise als Rechtshänder links neben der Waffe platziert wird. Damit rutschen Kommandant und Richtschütze auf die rechte Turmseite. Aufgrund der runden Form von Drehkranz bzw. Turmkorb ergeben sich dabei keine optimalen ergonomischen Verhältnisse für diese beiden Besatzungsmitglieder.

Die Bereitschaftsmunition ist in direkter Erreichbarkeit für den Ladeschützen im Drehkranzbereich auf der linken Turmseite (stehend) gelagert; weitere Munitionshalterungen befinden sich unter der Hauptwaffe sowie im Turmheck. Damit der Ladeschütze auch die Vorratsmunition im Munitionsbunker relativ gut erreichen kann, wurde die Munitionshalterung (42 Patronen) links im Wannenbug untergebracht. Damit musste der Fahrerplatz auf die rechte Seite verlegt werden – was eigentlich eher der Anordnung in britischen Panzern entsprechen würde.

Mit der Nachrüstung der Waffenstabilisierungsanlage bei der Version Leopard 1 A1 mussten rechts neben der Waffe große Schutzgitter angebracht werden, um beim Schießen aus der Be-

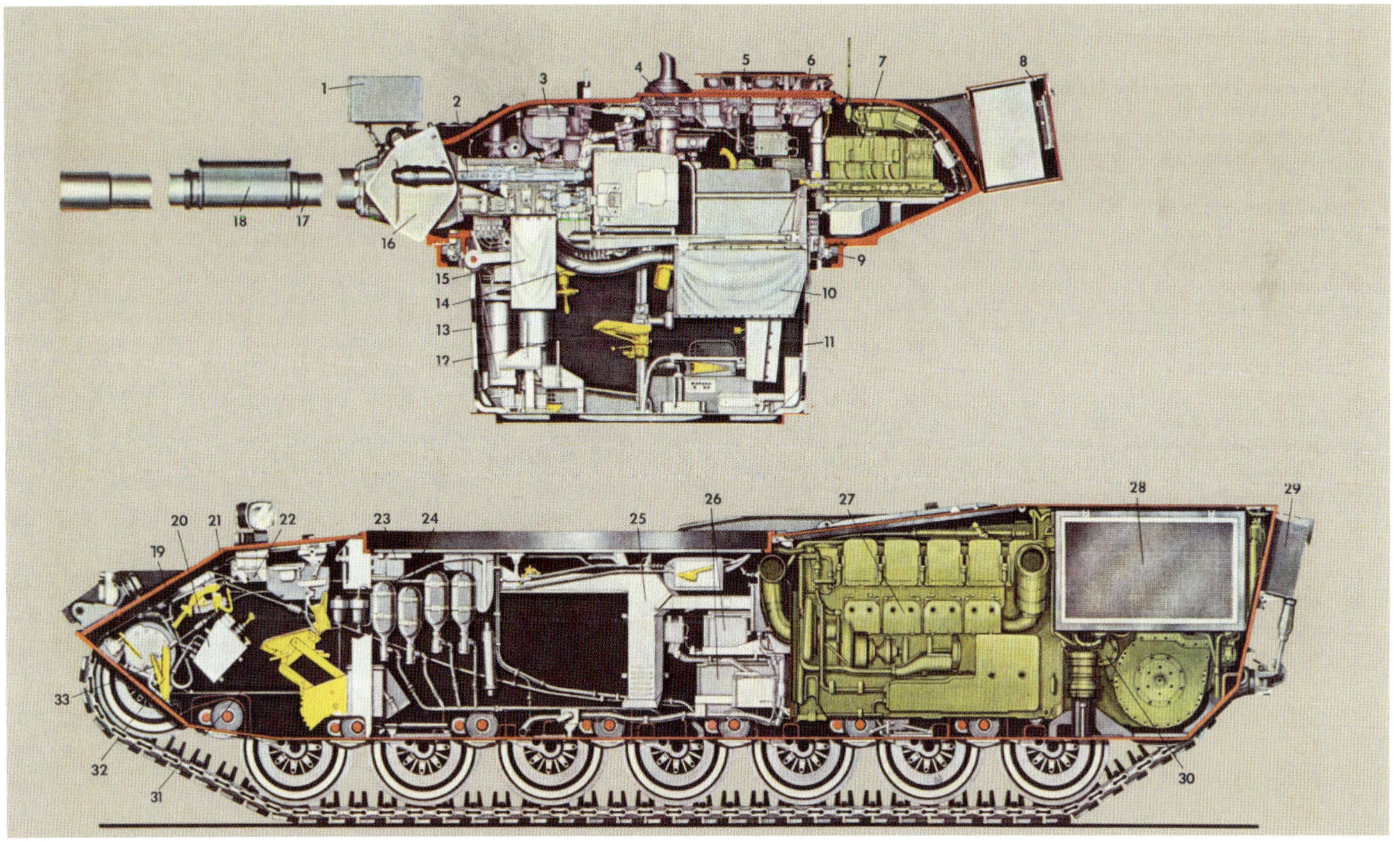

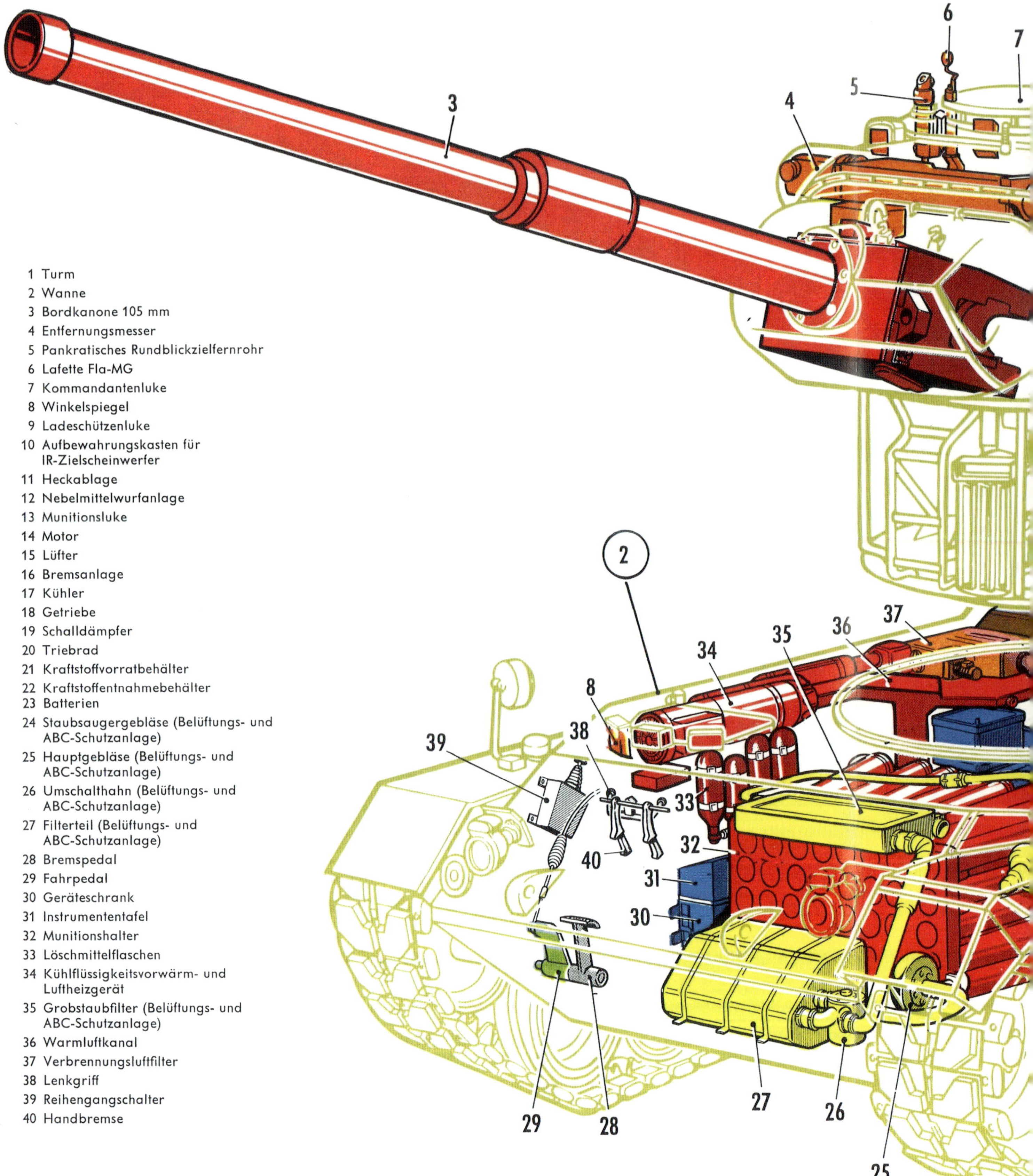

1 Turm
2 Wanne
3 Bordkanone 105 mm
4 Entfernungsmesser
5 Pankratisches Rundblickzielfernrohr
6 Lafette Fla-MG
7 Kommandantenluke
8 Winkelspiegel
9 Ladeschützenluke
10 Aufbewahrungskasten für IR-Zielscheinwerfer
11 Heckablage
12 Nebelmittelwurfanlage
13 Munitionsluke
14 Motor
15 Lüfter
16 Bremsanlage
17 Kühler
18 Getriebe
19 Schalldämpfer
20 Triebrad
21 Kraftstoffvorratbehälter
22 Kraftstoffentnahmebehälter
23 Batterien
24 Staubsaugergebläse (Belüftungs- und ABC-Schutzanlage)
25 Hauptgebläse (Belüftungs- und ABC-Schutzanlage)
26 Umschalthahn (Belüftungs- und ABC-Schutzanlage)
27 Filterteil (Belüftungs- und ABC-Schutzanlage)
28 Bremspedal
29 Fahrpedal
30 Geräteschrank
31 Instrumententafel
32 Munitionshalter
33 Löschmittelflaschen
34 Kühlflüssigkeitsvorwärm- und Luftheizgerät
35 Grobstaubfilter (Belüftungs- und ABC-Schutzanlage)
36 Warmluftkanal
37 Verbrennungsluftfilter
38 Lenkgriff
39 Reihengangschalter
40 Handbremse

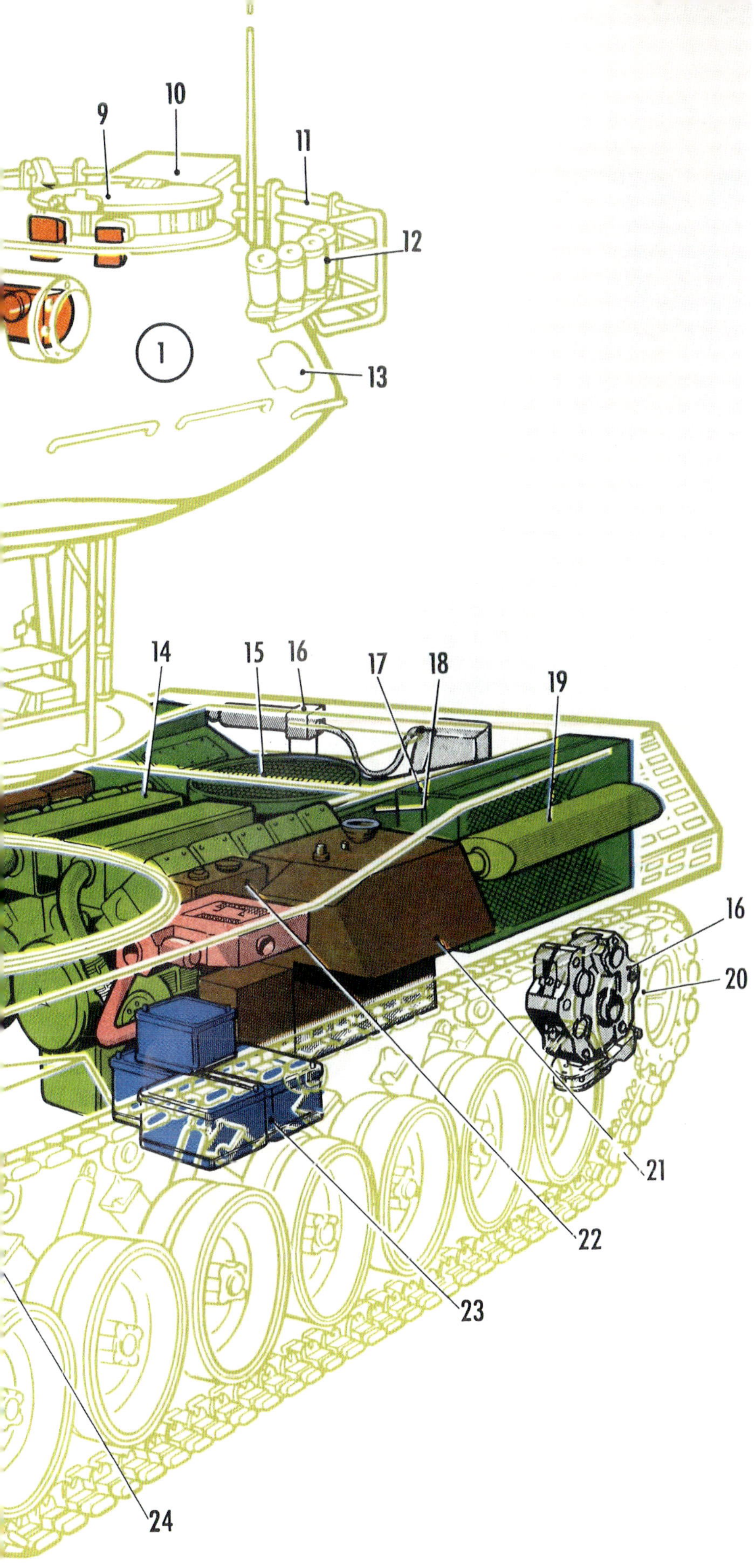

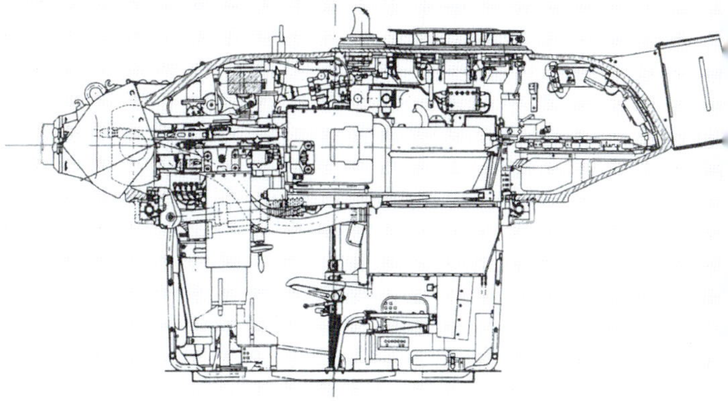

Querschnitt durch den Gussturm: Gut erkennbar ist die auf dem Turmdach eingeschweißte und aufgesetzte Platte aus Walzstahl (d = 20 mm), durch die eine einfache mechanische Bearbeitung der Öffnungen für die Turmluken und das Rundblickperiskop – ohne Einspannen des gesamten Turmes – möglich war. In der Zeichnung ist noch die ältere Form des Behälters für die leeren Treibladungshülsen zu sehen. Durch einen flexiblen Schlauch wurden aus dem Behälter restliche Schussgase abgesaugt und ins Freie befördert.

wegung Verletzungen von Kommandant und Richtschützen durch die stabilisierte Waffe zu verhindern. Diese Besatzungsanordnung hat sich relativ gut bewährt und wurde auch beim später folgenden KPz Leopard 2 beibehalten.

Glasbild KPz Leopard 1 / dreidimensional: Auf dem Glasbild ist die Anordnung verschiedener Baugruppen des KPz Leopard 1 gut erkennbar. In Gelb sind die Einzelteile der ABC-Schutzbelüftungsanlage eingefärbt. Als nachteilig erwies sich die Platzierung der Filter innerhalb des Kampfraumes vor dem Munitionsgestell. Somit mussten kontaminierte Filterelemente durch den Kampfraum hindurch über die Fahrerluke nach außen befördert werden. Auch die Lage der Batterien (blau eingefärbt) in den Nischen vor der Schottwand zum Triebwerksraum erwies sich später in der Nutzung als nachteilig. Hierdurch ergab sich eine erschwerte Zugänglichkeit, so dass in der Praxis eine regelmäßige Kontrolle des Säurestandes häufig unterblieb.

Kommandanten- und Richtschützenplatz

Kommandant und Richtschütze haben ihre Plätze auf der rechten Turmseite; dabei sitzt der Kommandant hinter dem Richtschützen in erhöhter Position. Er verfügt über eine eigene Luke mit einem Winkelspiegelkranz, bestehend aus sieben Winkelspiegeln. Der Kommandantensitz ist über einen Hebel hydraulisch in der Höhe verstellbar. Vor dem Kommandanten befindet sich der monokulare Einblick des pankratischen Rundblick-Zielfernrohrs. Auf der rechten Seite ist der Einhand-Handgriff zur Steuerung von Waffe und Turm angeordnet. Damit ist der Kommandant in der Lage, für den Richtschützen eine Zielzuweisung durchzuführen bzw. im Notfall selber das Ziel zu bekämpfen.

Der Richtschütze ist vor dem Kommandanten in einer tieferen Position im vorderen Bereich des Turmkorbes untergebracht. Direkt vor ihm befinden sich der binokulare Einblick des Turmentfernungsmessers und darunter die beiden Richtgriffe zum Schwenken des Turmes bzw. Richten der Waffe. An beiden Richtgriffen sind Abfeuerungsklinken sowie ein Handballenschalter als Sicherheitselement angeordnet.

Bei Ausfall des 24-Volt-Bordnetzes ist der Richtschütze noch in der Lage, ein Ziel zu bekämpfen. Das Zielen erfolgt mit dem Turmzielfernrohr, dabei müssen alle relevanten Einflussparameter (Kampfentfernung, Vorhalt, Verkantung, usw.) vom Richtschützen geschätzt werden. Turm und Waffe können über Seitenrichtkurbel bzw. Handhöhenrichtkurbel manuell (mit geringeren Geschwindigkeiten) bewegt werden. Für die Notabfeuerung kann der Richtschütze über einen manuell zu bewegenden Magnetkern innerhalb einer Induktionsspule den erforderlichen Stromstoß für den Treibladungsanzünder im Patronenboden erzeugen.

Das Platzangebot für Kommandanten und Richtschützen ist stark eingeschränkt, damit ergeben sich in allen Sitzpositionen mehr oder weniger ungünstige Gelenk-Beugewinkel für diese beiden Besatzungsmitglieder.

Kommandanten- und Richtschützenplatz: Das Bild zeigt den Blick auf die rechte Turmseite eines KPz Leopard 1 des 3. Loses. Das Fahrzeug war noch nicht mit der Waffenstabilisierungsanlage nachgerüstet – daher fehlen die entsprechenden Schutzgitter. Im Bereich des Kommandantenplatzes sind der Kommandantensitz (Sitzfläche hochgeklappt), das Unterteil des Rundblickperiskopes mit dem monokularen Einblick sowie das Seitenschwenkwerk mit dem Übersteuerungsgriff zu sehen. Im Bereich des Richtschützenplatzes sind der Einblick des Turmzielfernrohres sowie die Stirnstütze der Einblicke des Entfernungsmessers erkennbar. Auf der rechten Seite des Richtschützenplatzes befinden sich der Seitenteilkreis sowie ein Schaltkasten und die Turmzurrung.

Rechts: Richtschützenplatz im Turm eines KPz Leopard 1 A5: Durch den Einsatz des neuen Hauptzielgerätes EMES18 ergab sich die Installation neuer Bediengeräte am Richtschützenplatz. Rechts oberhalb der Richtgriffe war das Bediengerät für das Wärmebildgerät angeordnet. Das Bild erlaubt auch einen Blick herunter auf den Fahrerplatz und auf Teile der Notausstiegsluke.

MANUELL
HÖHE
LUFTTEMP.
PULVERTEMP.
ZEISS
PRÜFUNG
BELEUCHTUNG
DRIFT
WÄRMEBILDGERÄT

Ladeschützenplatz

Im normalen Übungsbetrieb verfügt der Ladeschütze auf der linken Turmseite über das großzügigste Platzangebot im Turmbereich. Unter Zuhilfenahme eines Parkas kann sich der Ladeschütze sogar eine für Panzermänner bequeme Ruhemöglichkeit auf dem Turmbühnenboden schaffen. Diese Situation ändert sich jedoch dramatisch, wenn die elf Bereitschaftshalterungen entlang des Turmdrehkranzes mit Munition befüllt werden. Dann steht auch dem Ladeschützen nur noch ein sehr beschränkter Bewegungsraum zur Verfügung und er muss ständig darauf achten, dass er nicht in den Rücklaufbereich der Bordkanone kommt. Die Situation verschärft sich beim Fahren mit stabilisierter Waffe. Ein Schutzgitter ist am Ladeschützenplatz nicht praktikabel.
Das Laden selbst bereitet allenfalls bei bewegtem Fahrzeug gewisse Probleme; die 105-mm-Patronen (18–21 kg schwer und ca. 1000 mm lang) sind noch relativ gut handhabbar und das Laden wird durch den Querkeilverschluss der 105-mm-Waffe deutlich erleichtert. Neben dem Laden der Hauptwaffe ist der Ladeschütze für die ordnungsgemäße Funktion (Rohrwechsel; Munitionszufuhr usw.) des Blenden-MG zuständig. Praktiker wissen, dass für den Ladeschützen der größte Störeffekt beim Laden der Hauptwaffe vom Verbindungskabel der BV-Anlage zum Brust-Schaltkasten ausgeht.

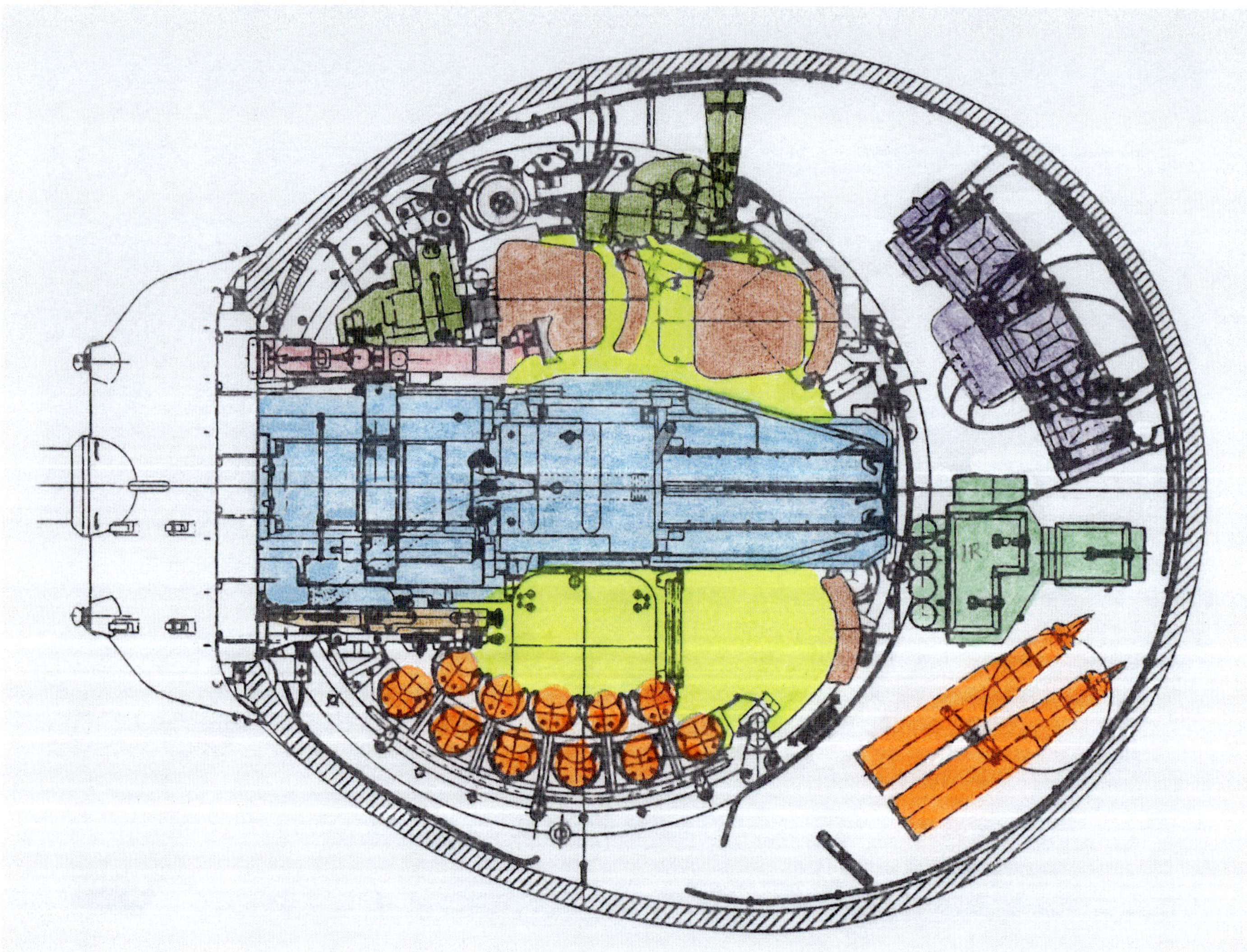

Ladeschützenplatz: Diese bemerkenswerte Aufnahme zeigt die linke Turmseite mit befüllten Munitionshalterungen. Die Patronen mit den ogiven Geschossköpfen sind Quetschkopfgeschosse. Bei den Patronen mit den eigenartig geformten zylindrischen Teilen handelt es sich um Hohlladungsgeschosse. Der zylindrische Teil (»spike«) dient als Abstandselement, durch das der Gefechtskopf kurz vor Aufschlag der Einlage gezündet wird. Hierdurch sollte eine Ausbildung des Hohlladungs-Stachels vor der Zerstörung der Einlage erreicht werden. Die Aufbewahrung der MG-Munition entspricht keinesfalls der Vorschrift, sondern sollte wohl die Stimmung in einem gefechtsmäßig aufgerüsteten Fahrzeug verstärken.

Ladeschützenplatz in einem KPz Leopard 1 A5: Das Bild vermittelt den vermeintlichen Eindruck des großzügigen Platzangebotes für den Ladeschützen – ein derartiges Bild bot sich aber nur bei leeren und hochgeklappten Munitionshalterungen! Im Tätigkeitsbereich des Ladeschützen wurden die Halterungen für die Bereitschaftsmunition an der linken Turmseite sowie der Munitionsbunker im Wannenbug angeordnet. Ebenso wurden vier Kästen für die 7,62-mm-MG-Munition im vorderen Bereich des Ladeschützenplatzes platziert. Durch die Klappe auf dem Boden der Drehbühne hat der Ladeschütze einen Zugriff auf weitere Kästen mit MG-Munition. Die Bereitschaftsmunition für das Blenden-MG an der linken Seite der Waffenwiege (MG hier nicht eingebaut) befand sich in dem weißen Kasten an der linken Turmseitenwand.

Fahrerplatz

Der Fahrer ist getrennt von der Turmbesatzung vorn rechts im Wannenbug untergebracht. Zum Lenken des Panzers verfügt er über einen Lenkgriff (»Lenkhandle«). Die Handhabung des Lenkgriffes ist einfacher als das Lenken mit zwei Lenkhebeln, wie dies bei älteren Panzerfahrzeugen noch erfolgte (M 113; Hotchkiss usw.). Allerdings erfordert auch das Fahren des KPz Leopard 1 eine sorgfältige Ausbildung, da z. B. die minimal fahrbaren Kurvenradien von dem eingelegten Gang abhängig sind. Im Fußraum vor dem Fahrersitz befinden sich ein Brems- und Gaspedal. Da das Getriebe über einen Drehmomentwandler verfügt, entfällt das Kupplungspedal. Allerdings muss der Fahrer in den Fahrzeugen der Baulose 1–5 noch selber schalten – erst später wurde die automatische Getriebeschaltung nachgerüstet (bei Fahrzeugen vom sechsten Baulos bereits vom Werk aus eingebaut).
Auch der Fahrerplatz zeichnet sich durch eine spürbare Enge aus; der Fahrersitz ist z. B. nur 490 mm breit. Links neben dem Fahrersitz befindet sich ein großer Geräteschrank (Elektrik) mit darüber liegender Instrumententafel. Rechts neben dem Fahrersitz sind Gangwahlschalter und der Wahlhebel für die Fahrtrichtung angeordnet. Weiterhin sind dem Fahrer die Bediengeräte für das Heizgerät und die Feuerlöschanlage zugeordnet.
Die drei Winkelspiegel über dem Lenkgriff bieten nur ein relativ kleines Sehfeld und bereiten besonders ungeübten Fahrern beim Fahren mit geschlossener Luke anfangs erhebliche Probleme. Häufig begrenzen die kleinen Winkelspiegel die Geschwindigkeit im Gelände – auch wenn Motor und Fahrwerk eine höhere Geschwindigkeit zulassen würden!
Hinter dem Fahrersitz ist im Wannenboden die Notausstiegsluke (52 cm x 35 cm) eingelassen; sie ist für den Fahrer deutlich schneller erreichbar als für die Turmbesatzung. Bei einer Bodenfreiheit von 440 mm gelingt allerdings nur schlanken Schlangenmenschen ein galantes und schnelles Ausbooten.

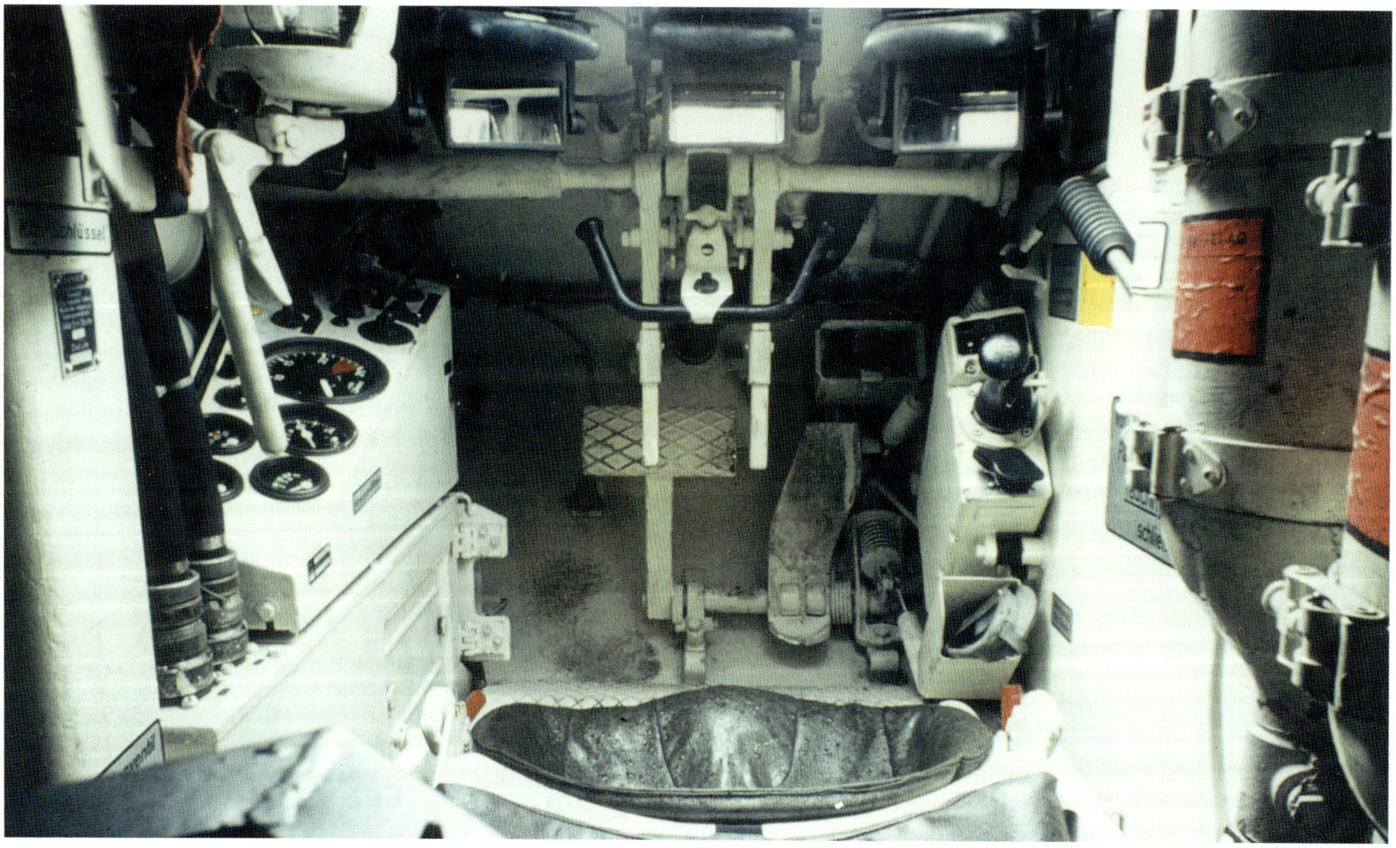

Triebwerksraum mit Triebwerk

Triebwerk eingebaut: Der Blick auf den eingebauten Triebwerksblock lässt die hohe Packungsdichte im Triebwerksraum erkennen. Dies ist die Folge des Zwanges zur Reduzierung bzw. Minimierung des umpanzerten Raumes (Gewichtseinsparung). Andererseits erschwert die hohe Packungsdichte die Zugänglichkeit zu verschiedenen Bauteilen. So muss z. B. zum Wechsel einer Glühkerze das komplette Triebwerk gezogen werden. Im Heckbereich ist mittig das Lüfterrad erkennbar. Darunter befindet sich der sogenannte Luftführungskasten, der die angesaugte Luft durch die beiden – seitlich angeordneten – Kühler drückt.

Triebwerk am Haken eines Bergepanzers 2: Der Bergepanzer 2 (Bergepanzer Standard) ist optimiert für die Arbeiten am Kampfpanzer Leopard 1. So wurde die Krananlage in derartiger Weise konzipiert, dass der Bergepanzer mit einem Triebwerk am Haken durch ein geöffnetes Hallentor fahren kann. Ebenso ist es mit dem Bergepanzer 2 möglich, einen Turm des Kampfpanzers aufzunehmen und vor dem Fahrzeug abzustellen. Auf dem Bild sind die beiden Kompressoren an der Stirnseite des Motors erkennbar. Zu Beginn der Entwicklung der Motorenbaureihe mb 837 Mitte der 1950er Jahre war die Technologie von Abgasturboladern für Panzermotoren noch nicht anwendungsreif.

Im Gegensatz zu den russischen Kampfpanzern sind bei dem KPz Leopard 1 Motor, Getriebe, Kühlanlage sowie weitere Baugruppen zu einem Triebwerkblock zusammengefasst. Nach Abheben der Triebwerksraumabdeckung müssen zum Ziehen des Triebwerkes folgende Tätigkeiten ausgeführt werden:

- Lösen von vier Schrauben der Triebwerkslagerung,
- Trennung von Getriebe und Seitenvorgelege (Schiebemuffe),
- Trennung der Betätigungszüge,
- Trennung elektrischer Verbindungen,
- Trennung der Kraftstoffleitung,
- Trennung der Leitung der Bremshydraulik,
- Lösen der Verbindungen von der Luftansaugung (Kompressoren) und der Abgasleitungen.

Der komplette Triebwerksblock wiegt ca. 4,7 to; zum Herausziehen sind vier Hebeösen vorhanden. Um im Panzerbau Gewicht einzusparen, wird eine hohe Packungsdichte innerhalb des umpanzerten Gehäusevolumens angestrebt. Daher verbleibt zwischen dem Triebwerkblock und den Baugruppen im Triebwerksraum (z. B. Tanks) lediglich ein Freiraum von 2–3 cm. Um diese Baugruppen beim Einbau des Triebwerkblockes nicht zu beschädigen, sind entsprechende Führungselemente vorgesehen, die den Triebwerksblock sicher fixieren, bis er seine Endposition in den Triebwerkslagerungen erreicht hat. Aufgrund der hohen Packungsdichte würden sich im Triebwerksraum während des Motorbetriebs unzulässig hohe Temperaturen ergeben. Um die Überhitzungsgefahr zu vermeiden, wird der Triebwerksraum ständig durch Kühlluft durchspült. Beim Leopard 1 wird dieser Luftanteil aus dem Luftführungskasten vor den Kühlern entnommen und tritt nach Durchlaufen des Triebwerksraumes aus den beiden Grätings in der vorderen Triebwerksraumabdeckung unterhalb des Turmhecks wieder aus. Beim Tiefwaten sowie bei Unterwasserfahrt bleibt der Triebwerksraum trocken – lediglich der Luftführungskasten mit den Kühlern wird geflutet.

Triebwerksraum ohne Triebwerk

Ist das Triebwerk gezogen, so verbleibt im Triebwerksraum u. a. die Bremsanlage des Fahrzeugs, die aus der Betriebs- und der Feststellbremse besteht. Hierzu gehört auch der Bremsventilblock inkl. Speicher an der Heckwand des Triebwerksraumes. Die mechanische Verbindung zwischen Getriebeausgang und Bremse / Seitenvorgelege wird durch eine innenverzahnte Schiebemuffe hergestellt. Vor dem Ziehen des Triebwerkes wird die Schiebemuffe durch Verwendung eines Spezialwerkzeugs über die Hohlwelle des Triebrads in das Seitenvorgelege eingezogen.
Links und rechts neben dem Motor befinden sich die Kraftstofftanks (475 l sowie 480 l und 30 l Entnahmetank). Auf dem Wannenboden verbleibt zwischen Motor und Getriebe ein kleiner Freiraum, der zur Unterbringung der Lenzpumpe genutzt wird; der Wasseraustritt befindet sich in der Heckwand.
Der Triebwerksraum ist vom Kampfraum durch eine gas- und wasserdichte Schottwand getrennt. Im Triebwerksraum sind auch die Sprührohre der Feuerlöschanlage verlegt. Die automatische Auslösung von zwei Löschmittelflaschen erfolgt durch einen sogenannten »Feuerwarndraht«, der bei Temperaturen über 180 Grad Celsius den Löschvorgang auslöst. Der Feuerwarndraht ist in kritischen Bereichen innerhalb des Triebwerksraumes verlegt.

Komponenten

Feuerkraftbestimmende Komponenten

105-mm-Waffenanlage

Als Hauptwaffe wurde für den KPz Leopard 1 die britische 105-mm-PzK L 7 ausgewählt. Die Waffe besteht aus einem einteiligen Rohr, welches am Ende des Treibladungsraumes mit drei Bajonettkämmen zur Befestigung des Bodenstücks versehen ist. Das Rohr hat 28 Züge und Felder mit einem gleich bleibenden Rechtsdrall. Hierdurch erhalten die Geschosse bis zum Austritt aus dem Rohr einen Drall (ca. 100 000 U/min), der zur Stabilisierung während der Flugphase dient. Durch einen Rauchabsauger, der sich in der Mitte des Rohres befindet, sollen nach dem Geschossaustritt die noch verbleibenden Restgase im hinteren Rohrteil abgesaugt und nach vorne ausgestoßen werden. Zur Reduzierung des Rohrverzuges infolge von Witterungseinflüssen wurde ab 1972 eine Rohrschutzhülle nachgerüstet. Sollte dennoch infolge Wärmeeigenspannung nach Abgabe von mehreren Schüssen in wenigen Minuten eine Rohrverbiegung auftreten, so konnte der Richtschütze durch die ab 1986 bei der Version Leopard 1 A5 nachgerüstete Feldjustieranlage (FJA) die Trefferlage verbessern.

Der Querkeilverschluss im Bodenstück öffnet

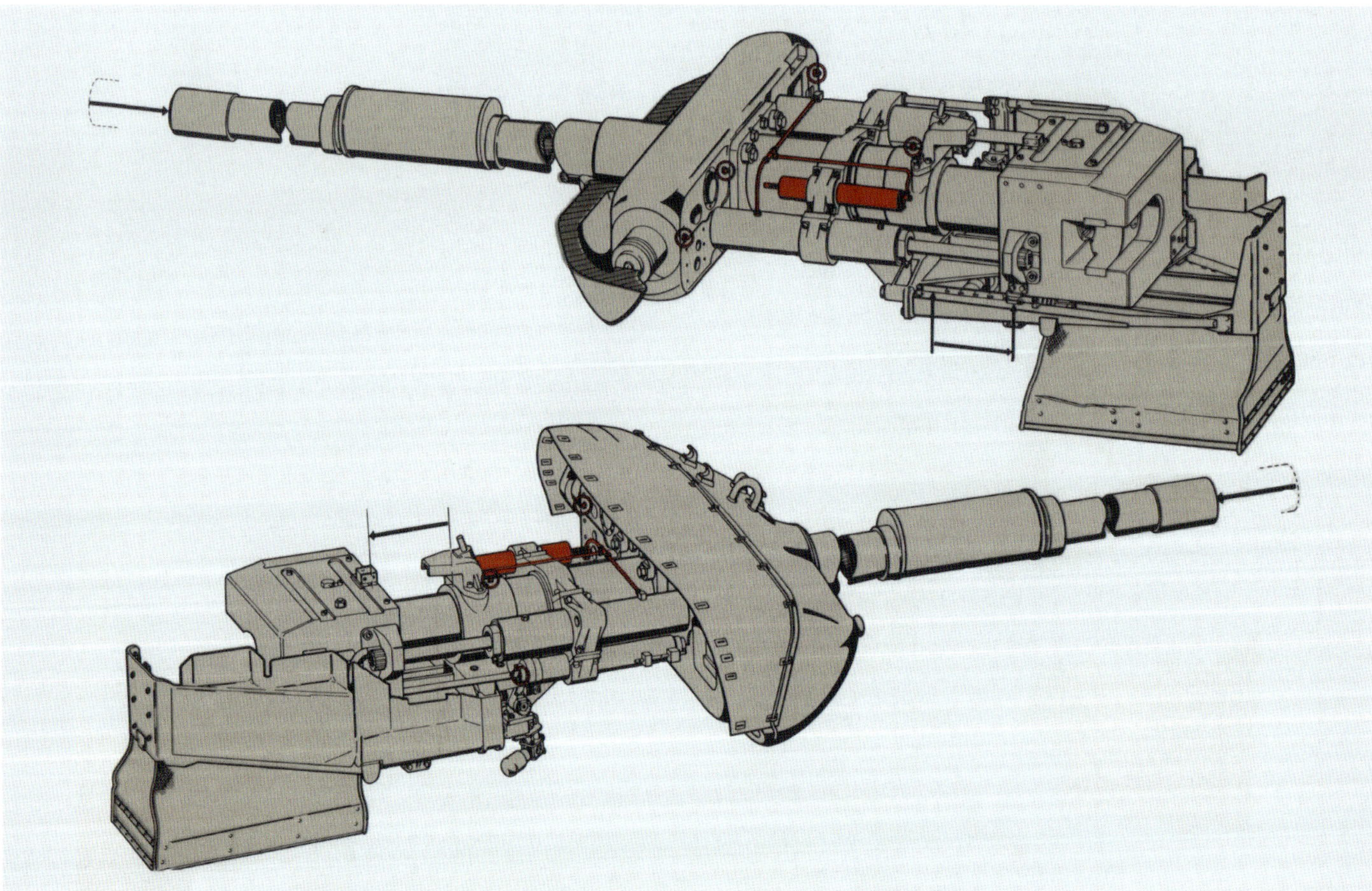

sich nach Schussabgabe während des Rohrvorlaufes automatisch. Dabei wird zugleich durch die Auswerferkrallen die leere Patronenhülse ausgeworfen und fällt in den Hülsenfangkasten. Beim Laden einer neuen Patrone werden die Auswerferkrallen wieder nach vorne gedrückt – dadurch wird der Verschlusskeil entriegelt und schließt durch Federdruck.
Die rücklaufenden Teile der Waffenanlage sind im Wiegenrohr gelagert; die Rücklaufenergie wird durch zwei hydraulische Rohrbremsen aufgenommen. Bei einer maximalen Bremskraft von 600 kN (= 60 to) beträgt der Rohrrücklauf 280 mm. Durch einen pneumatischen Vorholer wird das Rohr anschließend wieder in die vordere Position gedrückt.

Komponente	Waffenanlage
Kaliber	105 mm
Kaliberlänge	50,9
Länge Rohr	5347 mm
Länge Rohr mit Verschluss	5588 mm
Anzahl der Züge	28
Drallwinkel	9° 54'
Konstruktionsgasdruck	Rechtsdrall
Gebrauchsgasdruck	5210 bar
Rohrrücklauf; max.	4250 bar
Gewicht Rohr	280 mm
Gewicht Verschluss kompl.	760 kg
Gewicht Rohr vollständig	496 kg
Gewicht Waffenanlage o. Blende	1285 kg
Gewicht Waffenanlage m. Blende	2300 kg

105-mm-Wuchtmunition – APDS

Zur Bekämpfung von gepanzerten Zielen stand in den 1960er Jahren ein sogenanntes Hartkerngeschoss mit Treibspiegeln vom Typ L 28 – später L 52 A1 – zur Verfügung. Das Geschoss war drallstabilisiert und bestand aus relativ sprödem Wolfram-Karbid (WC). Gegenüber den zuvor verwendeten Vollkaliber-Geschossen stellte das Treibspiegelgeschoss für die damaligen Verhältnisse einen deutlichen Vorteil dar. Das Geschoss selber bestand aus dem eigentlichen Kern (Penetrator), der zur Reduzierung des Luftwiderstandes nur einen relativ geringen Durchmesser aufwies (45 mm). Zur Zentrierung des Kernes im Rohr dienten drei Treibspiegelsegmente aus einer Leichtmetall-Legierung (7075). Damit konnte der Gasdruck im Rohr auf die volle Querschnittsfläche wirken. Nach Geschossaustritt wurden die Treibspiegelsegmente durch die Fliehkräfte nach außen geschleudert und lösten sich vom eigentlichen Fluggeschoss (Kern). Der geringe Querschnitt des Kerns wirkte sich in positiver Weise sowohl auf der Flugbahn aus (geringer Geschwindigkeitsverlust) wie auch beim Durchschlag der Panzerung (Konzentration der kinetischen Energie auf kleinen Querschnitt).
Nachteilig war, dass die Treibspiegelsegmente als »tote Masse« mit beschleunigt werden mussten und nach Geschossaustritt bis zu 700 m weit flogen. Ein Überschießen eigener Truppenteile war mit dieser Munitionsart daher nicht möglich. Nachteilig war bei der APDS-Munition auch die hohe Winkelempfindlichkeit beim Aufschlag sowie der Verlust der Wirkung im Ziel, wenn der Zielaufbau aus einer Schottpanzerung bzw. einer Sonderpanzerung bestand.
APDS = Armor Piercing Discarding Sabot – Panzerbrechendes Geschoss mit (wegfliegendem) Treibspiegel.

Komponente	Wuchtmunition
Patronenbezeichnung	105 x 617 DM 13
Länge Patrone	838 mm
Gewicht Patrone	18,6 kg
Länge Geschoss	274 mm
Gewicht Geschoss	5,85 kg
Sprengladung Gewicht	-
Fluggeschoss Durchmesser	45 mm
Fluggeschoss Gewicht	2,73 kg
L/D	3,2 : 1
Treibladung Gewicht	6,5
Mündungsgeschwindigkeit	1478 m/sec
Geschw. Verlust	ca. 100 m/sec auf 1000 m
Max. Gasdruck	3500 bar
Durchschlagsleistung	ca. 260 mm auf 1000 m

APDS-Patrone.

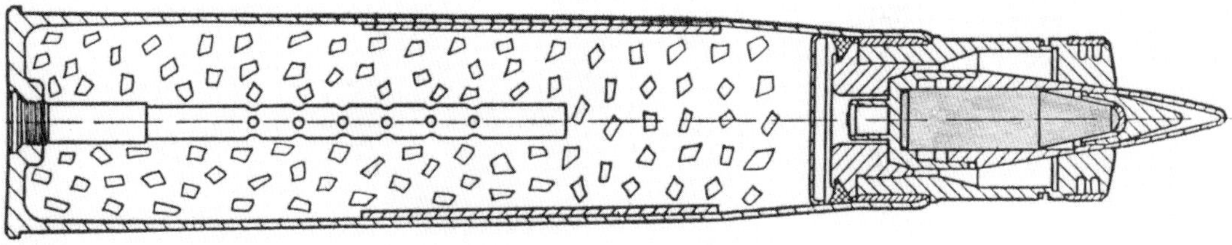

APDS-Geschoss.

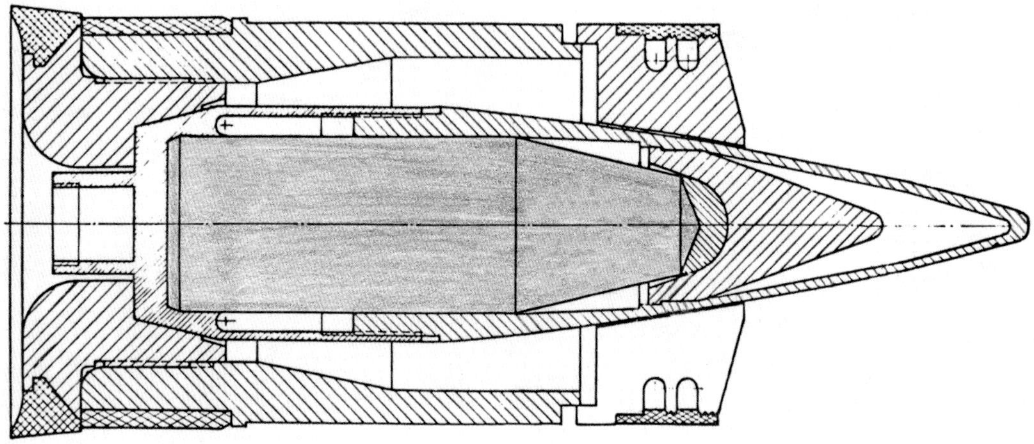

105-mm-Wuchtmunition – APDSFS (KE-Munition)

Spätestens mit dem Auftauchen des KPz T-72 im Jahr 1973 und seiner mehrschichtigen Sonderpanzerung im Frontbereich war das APDS-Geschoss obsolet. Die Weiterentwicklung des drallstabilisierten Treibspiegelgeschosses führte in den 1970er Jahren zu der flügelstabilisierten Pfeilmunition (APDSFS). Durch den Übergang auf die Flügelstabilisierung konnte das Geschoss länger gestaltet werden – was sich positiv auf die erreichbare Durchschlagsleistung auswirkte. Der Wegfall des Dralls (und damit der Fliehkräfte) ermöglichte nun auch den wirksamen Einsatz gegen strukturierte Sonderpanzerungen. Aufgrund des schlankeren Geschosses wurde bei den Pfeilgeschossen als Penetratormaterial eine Wolfram-Schwermetall-Legierung (WSM) verwendet, die bei hoher Festigkeit ein deutlich duktileres Verhalten zeigte. Die Pfeilmunition wies auch ein deutlich besseres Durchschlagsverhalten beim Auftreffen auf stark geneigte Panzerungen auf.

Der grundsätzliche Geschossaufbau entspricht dem Treibspiegel-Geschoss – d. h. der Penetrator mit einem relativ geringen Querschnitt wird während der Beschleunigung im Rohr durch drei Treibspiegelsegmente zentriert. Nach Geschossaustritt trennen sich die drei Segmente vom Penetrator.

Die Bundeswehr bestellte Anfang der 1980er Jahre ca. 100.000 Patronen dieser neuen Munitionsart in Israel (DM 13) und Ende 1983 nochmals weitere 100.000 Schuss eines verbesserten Modells (DM 23). Mit der neuen Pfeilmunition und der modernen Feuerleitanlage zeigte insbe-

Komponente	Wuchtmunition
Patronenbezeichnung	105 x 617 DM 13 APDS-FS
Länge Patrone	884 mm
Gewicht Patrone	18,8 kg
Länge Geschoss	390 mm
Gewicht Geschoss	6,27 kg
Sprengladung Gewicht	-
Fluggeschoss Durchmesser	33 mm
Fluggeschoss Gewicht	4,18 kg
L / D	11,8 : 1
Treibladung Gewicht	5,7 kg
Mündungsgeschwindigkeit	1450 m/sec
Geschw. Verlust	ca. 44 m/sec auf 1000 m
Max. Gasdruck	k. A.
Durchschlagsleistung	ca. 360 mm auf 1000 m

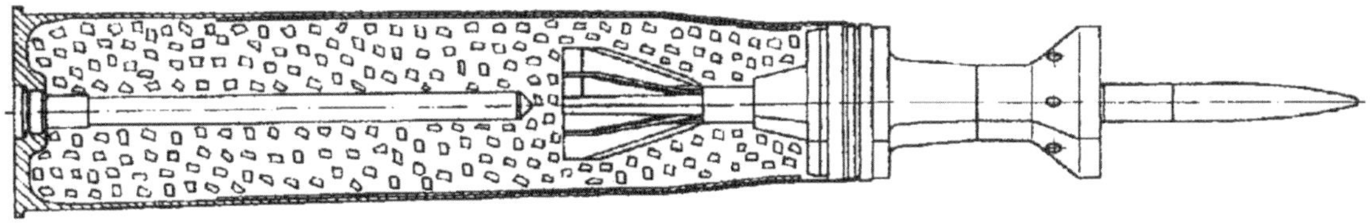

KE-Patrone.

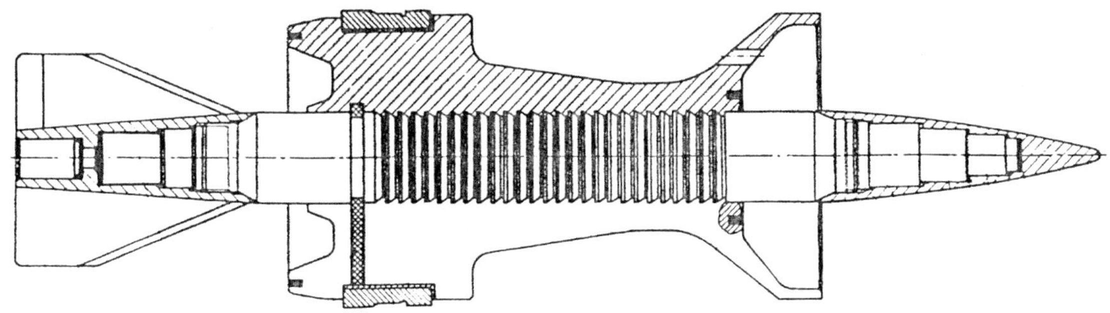

KE-Geschoss.

sondere der KPz Leopard 1 A5 in den 1980er Jahren eine akzeptable Feuerkraft.
APDSFS: Armor Piercing Discarding Sabot – Fin Stabilized = Panzerbrechendes Geschoss mit (wegfliegendem) Treibspiegel – Flügelstabilisiert.

105-mm-Hohlladungsmunition - HEAT

Das Hohlladungsgeschoss aus amerikanischer Fertigung für die 105-mm-Panzerkanone des Leopard 1 ist flügelstabilisiert. Um die Übertragung des Dralls auf das Geschoss möglichst zu vermeiden, verfügt das Geschoss über ein durchrutschendes Führungsband aus Kunststoff. Bei einer Mündungsgeschwindigkeit von 1173 m/sec verliert das Geschoss aufgrund der ungünstigen Geschossform auf den ersten 1000 m Flugstrecke ca. 275 m/sec. Im Gegensatz zum Wuchtgeschoss spielt hier die Auftreffgeschwindigkeit auf dem Ziel keine Rolle, da die Durchschlagsleistung bei der Hohlladung entfernungsunabhängig ist. Die Durchschlagsleistung unterliegt einer gewissen Streuung; sie beträgt im homogenen Panzerstahl ca. 430 mm.
Damit sich beim Aufschlag auf ein Ziel der Hohlladungsstachel ausbilden kann, besitzt das Geschoss einen sogenannten »spike«, in dem sich ein Piezo-Zünder befindet. Beim Aufschlag des Kopfzünders wird durch einen Stromstoß der am hinteren Ende des Gefechtskopfes befindliche Bodenzünder initiiert, der die Sprengladung des Geschosses zur Detonation bringt. Die Detonationsfront des Sprengstoffes drückt die kegelige Einlage im Geschosskopf zusammen, sodass sich beim Aufeinanderprallen aller Teilchen der Einlage in der Längsachse des Geschosses dann der Hohlladungsstachel ausbildet.
HEAT: High Explosive Anti Tank = Sprenggeschoss zur Panzerbekämpfung.

Komponente	Hohlladungsmunition
Patronenbezeichnung	105 x 617 HEAT M 456
Länge Patrone	988 mm
Gewicht Patrone	21,0 kg
Länge Geschoss	673 mm
Gewicht Geschoss	10,14 kg
Sprengladung Gewicht	1,04 kg
Treibladung Gewicht	5,2 kg
Mündungsgeschwindigkeit	1173 m/sec
Max. Gasdruck	3570 bar
Geschw. Verlust	ca. 275 m/sec auf 1000 m
Durchschlagsleistung	ca. 400–460 mm; entfernungsunabhängig

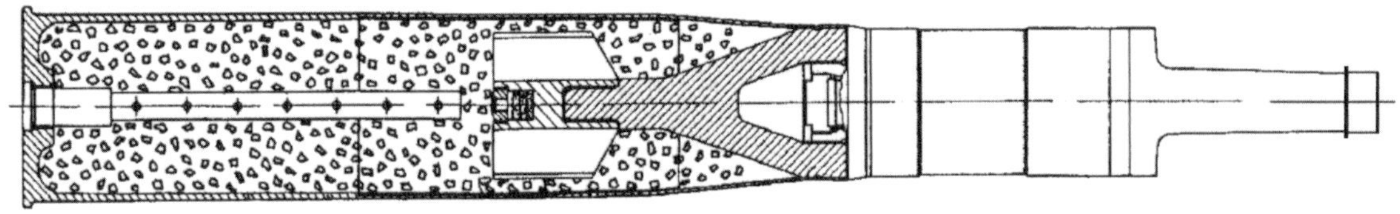
HL-Patrone.

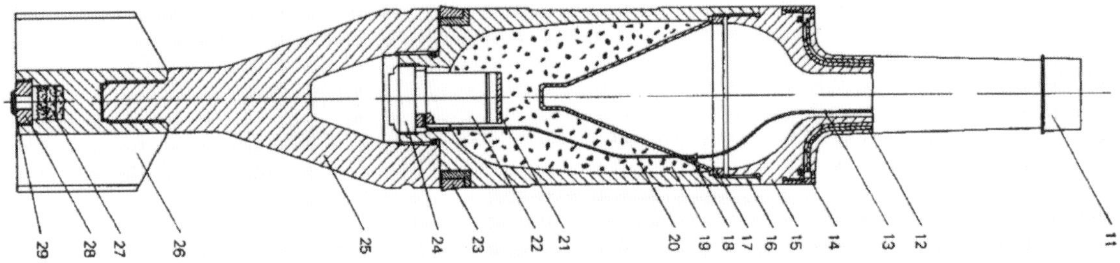

HL-Geschoss.

105-mm-Quetschkopfmunition – HESH/HEP

Als dritte Munition kann aus der 105-mm-Panzerkanone die sogenannte Quetschkopfmunition verschossen werden. Sie dient zur Bekämpfung leicht gepanzerter Ziele sowie von Flächenzielen. Hierbei handelt es sich um ein Sprenggeschoss mit einer dünnwandigen Geschosshülle und einer Ladung aus plastisch verformbarem, hochbrisantem Sprengstoff. Die dünnwandige Geschosshülle begrenzt die zulässige Belastung beim Abschuss; daher beträgt die Mündungsgeschwindigkeit nur 731 m/sec.
Für die 105-mm-Panzerkanone wurde diese Munitionsart sowohl in den USA wie auch in Großbritannien produziert; dabei ergaben sich leicht unterschiedliche Bezeichnungen:

- US-Produktion: HEP (High Explosive Plastic) = Sprenggeschoss mit Plastik-Sprengstoff,
- UK-Produktion: HESH (High Explosive Squash Head) = Sprenggeschoss mit zerdrückbarem Geschosskopf.

Komponente	Quetschkopfmunition
Patronenbezeichnung	105 x 617 HESH DM 512
Länge Patrone	937 mm
Gewicht Patrone	21,2 kg
Länge Geschoss	411 mm
Gewicht Geschoss	11,25 kg
Sprengladung Gewicht	2,40 kg
Treibladung Gewicht	2,70 kg
Mündungsgeschwindigkeit	731 m/sec
Max. Gasdruck	3570 bar
Geschw. Verlust	171 m/sec auf 1000 m
Durchschlagsleistung	max. 80 mm auf 1000 m

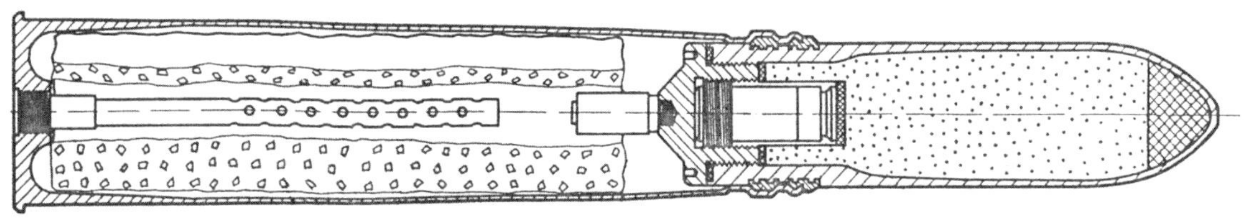
HEP-Patrone.

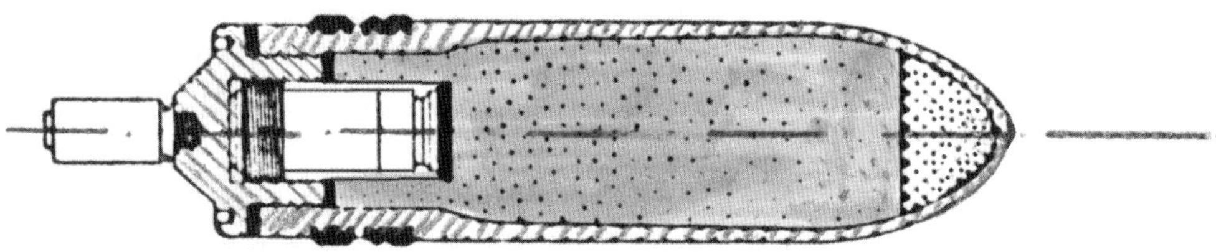
HEP-Geschoss.

Wirkung der Wuchtmunition (APDS und APDSFS)

Sowohl die APDS- wie auch die APDSFS-Geschosse enthalten als Wuchtmunition keinen Sprengstoff; die Durchschlagsleistung wird durch die kinetische Energie beim Aufschlag bestimmt ($E_{kin} = \frac{1}{2} m v_z^2$) mit m = Penetratormasse und v_z = Auftreffgeschwindigkeit im Ziel.
Aufgrund des Geschwindigkeitsverlustes über der Flugstrecke ist somit die erzielbare Durchschlagsleistung entfernungsabhängig. Beim APDS-Geschoss erfolgt der Durchschlag durch plastische Verformung des Zielmaterials. Bei dünnen Plattendicken reißt das Zielmaterial auf, bei dickeren Plattendicken kommt es zu Scher- und Stanzvorgängen. Nach Durchschlagen der Panzerung gelangen glühende Geschossteile sowie Splitter aus dem Zielmaterial in den Kampfraum. Bei Auftreffwinkeln unter 25 Grad tendiert das APDS-Geschoss zu Abprallern; durch den Einsatz von Schott- und Sonderpanzerungen wird die Durchschlagsleistung stark reduziert.
Um die Forderungen nach höheren Durchschlagsleistungen auch gegenüber modernen Panzerungen erfüllen zu können, entstanden in den 1960er Jahren die flügelstabilisierten Pfeilgeschosse (häufig vereinfacht auch als KE-Munition bezeichnet). Durch die Verlängerung des Penetrators (Vergrößerung des L/D-Verhältnisses) war der Übergang auf die Flügelstabilisierung erforderlich. Durch die größere Penetratormasse, Übergang auf einen zäheren Werkstoff (Wolfram-Schwermetall; WSM) und Wegfall des Geschossdralls (Wegfall der Fliehkräfte!), konnte die Durchschlagsleistung der Pfeilmunition erheblich gesteigert werden; im günstigsten Fall entspricht die Durchschlagsleistung der Länge des Penetrators. Aufgrund der höheren Auftreffgeschwindigkeit der KE-Munition ergeben sich andersartige Vorgänge bei der Durchdringung des Zielmaterials. Der Durchschlag erfolgt als hydrodynamische Durchdringung, bei der das Zielmaterial verdrängt wird und sich der Kern (Penetrator) dabei verbraucht (erodiert).
Die Pfeilmunition zeigt auch einen geringeren Geschwindigkeitsverlust über der Flugstrecke. Durch das zähere Penetratormaterial konnte auch die Winkelempfindlichkeit drastisch reduziert werden; KE-Geschosse greifen noch bei Auftreffwinkeln bis herab zu 15 Grad an!

Wirkung der Hohlladungsmunition (HEAT)

Das Durchschlagsverhalten der Hohlladung unterscheidet sich in vielen Aspekten von der Wuchtmunition. Die Durchschlagsleitung eines Hohlladungs-Gefechtskopfes ist u. a. abhängig von:

- dem Kaliber,
- der Masse des Sprengstoffes,
- dem Material der Einlage,
- der Güte (Homogenität) von Sprengstoff und Einlage,
- Präzision aller Teile (Einhaltung der Rotationssymmetrie).

Die Durchschlagsleistung ist unabhängig von der Kampfentfernung. Nach Aufprall des Geschosses und Zündung des Sprengstoffes läuft die Detonationsfront über die Einlage und drückt die Teile der Einlage in der Längsachse des Geschosses zusammen – dabei bildet sich der Hohlladungsstachel (Hohlladungsstrahl; Jet), dessen Spitze mit ca. 10.000 m/sec (!) in das Zielmaterial eindringt. An der Stachelspitze entstehen dabei Drücke von ca. 1 Million bar. Aufgrund dieses hohen Druckes verhalten sich die Stachelpartikel wie auch das Zielmaterial wie Flüssigkeiten – das Zielmaterial wird zur Seite verdrängt. Es finden keine Rissbildung oder Abscheren statt; auch spielen bei derartig hochdynamischen Prozessen thermische Effekte eine untergeordnete Rolle. Daher ist es völlig falsch, wenn behauptet wird, der Hohlladungsstrahl »schweiße sich durch die Panzerung«!

Die maximale Durchschlagsleistung erzielt eine Hohlladung im homogenen Panzerstahl; hier wird bis zum 4–5-fachen des Einlagendurchmessers durchschlagen. Allerdings beträgt der Lochdurchmesser nur wenige Millimeter und aufgrund der geringen Masse und des relativ geringen Energieinhaltes kann der Hohlladungsstrahl leicht gestört werden. Bei modernen Sonderpanzerungen versucht man durch entsprechende Maßnahmen die Fokussierung der Strahlpartikel zu stören – dadurch wird die Durchschlagsleistung dramatisch reduziert. Zu den bekannten Störeffekten gegen die Hohlladungsbedrohung zählt u. a. die Reaktivpanzerung, die seit 1984 bei russischen Kampfpanzern zum Einsatz kam.

Wirkung der Quetschkopfmunition (HEP)

Beim Aufschlagen der Quetschkopfmunition auf ein Ziel wird durch den detonierenden Sprengstoff eine große Gasschlagwirkung sowie durch die zerbrechende Geschosshülle auch eine gewisse Splitterwirkung erreicht. Die Quetschkopfmunition wird daher vorrangig gegen ungepanzerte Ziele, Flächenziele, Feldbefestigungen und Gebäude eingesetzt.

Beim Einsatz gegen gepanzerte Ziele werden Panzerbleche von bis zu ca. 70 mm Dicke vom Geschoss noch direkt durchschlagen. Bei dickeren Blechen wird die Geschosshülle beim Aufschlag zerstört, sodass der Sprengstoff kurz vor der Zündung fladenartig an die Panzerung angedrückt wird. Nach Zündung läuft eine Stoßwellenfront durch das Zielmaterial. Bei der Reflektion der Stoßwelle an der Innenseite der Panzerung wird die Festigkeit des Materials überschritten. Dabei platzen an der Innenseite tellerförmige Materialschichten mit einer Geschwindigkeit von bis zu 300 m/sec ab (Hopkinson-Effekt). Die Wirkung des Abplatzeffektes ist unabhängig von der Auftreffgeschwindigkeit des Geschosses; er nimmt jedoch bei dickeren Blechdicken ab. Ebenso wird die Wirkung des Abplatzeffektes durch Schott- oder Sonderpanzerungen eliminiert.

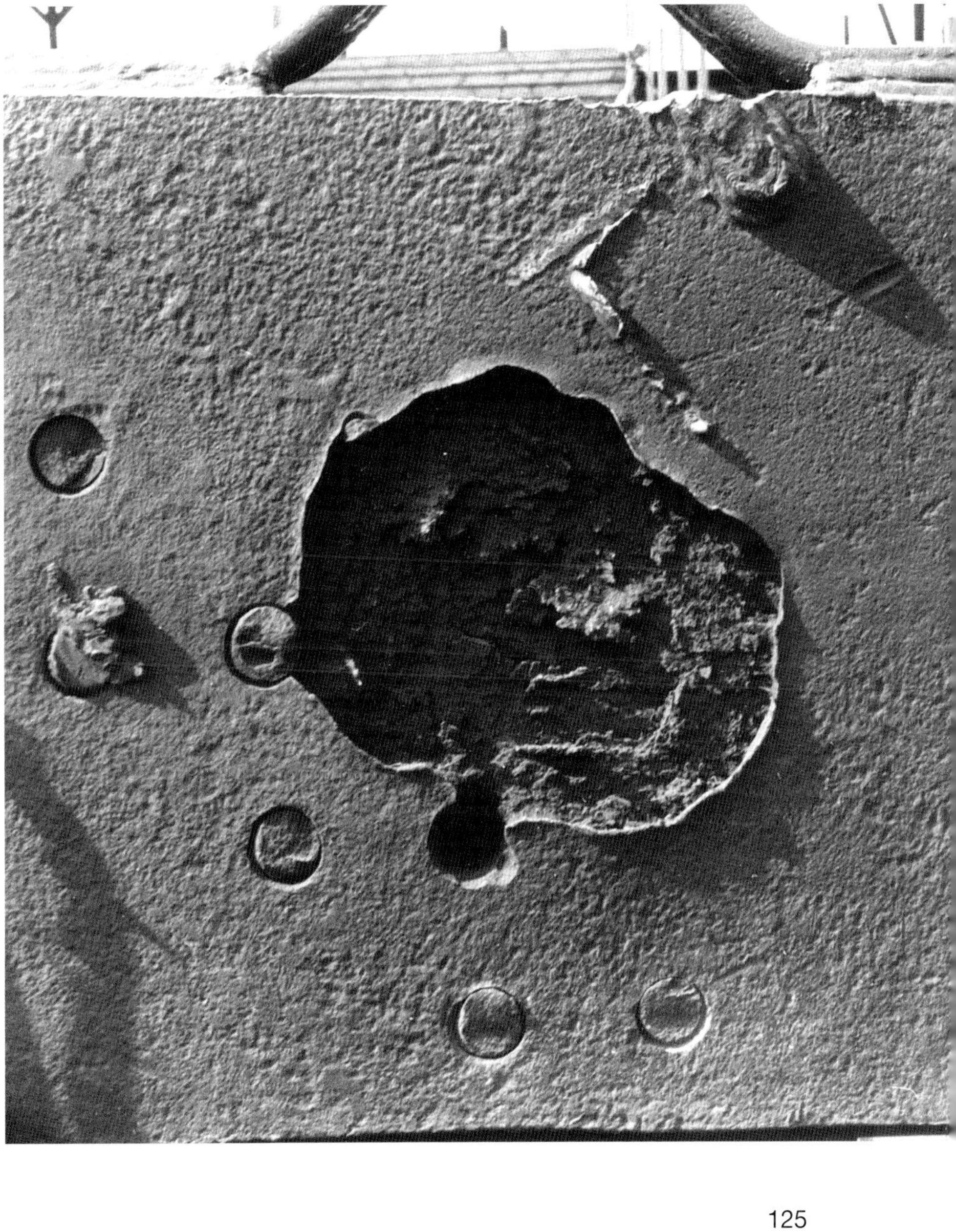

Fliegerabwehr-MG

Das Fla-MG ist zum Selbstschutz gegen angreifende Tiefflieger und zur Bekämpfung von Erdzielen vorgesehen. Es handelt sich um das in vielen Truppengattungen beim Heer eingesetzte 7,62-mm-MG 3 von Fa. Rheinmetall. Für die Verwendung als Fla-MG beim KPz Leopard 1 muss lediglich anstelle der Schulterstütze eine Gummikappe aufgesetzt werden.

Für den Einsatz wird das MG in einer speziellen Oberlafette befestigt und gesichert. Die Oberlafette verfügt über einen Federausgleicher, durch den eine einfache Handhabung des MG für den Schützen bei allen Elevationswinkeln ermöglicht wird. Die Oberlafette ist durch einen Bajonettverschluss mit der Unterlafette verbunden. Jeweils ein Schwenklager in der Ober- und Unterlafette ermöglichen das Richten des Fla-MG in Höhe und Seite. Die Unterlafette kann auf einer Ringschiene um n x 360 Grad gedreht werden; durch eine Bremseinrichtung kann die Unterlafette dabei in jeder Position gezurrt werden. Sowohl die Kommandanten- wie auch die Ladeschützenluke ist mit einer derartigen Ringschiene ausgestattet. An der Oberlafette kann an der linken Seite ein MG-Patronenkasten DM 2 mit 250 Schuss befestigt werden.

Turm-MG

An der linken Seite des Wiegenrohres der 105-mm-Panzerkanone ist die Lafette für das Turm- (Blenden-) MG befestigt. Das MG ist achsparallel (nicht: koaxial) zur Hauptwaffe gelagert und macht deren Bewegung mit. Die beim Schuss auftretenden Rückstoßkräfte werden in der Lafette federnd abgefangen. Ein eventuell notwendiger Rohrwechsel kann im eingebauten Zustand vom Ladeschützen vorgenommen werden. Auf den Abzug wirkt ein winkelförmiger Abzugshebel, der durch einen Hubmagneten beim Drücken der Abfeuerklinken durch den Richtschützen betätigt wird. Das Turm-MG kann auch bei Bedarf vom Ladeschützen manuell abgefeuert werden. Nach Schussabgabe fallen die leeren Patronenhülsen sowie die Gurtglieder in einem unter der Lafette befindlichen Hülsensack. Zur Beseitigung der Schussgase ist an der rechten Seite über dem MG ein Saugstutzen angeordnet, der mit dem Ventilator der Rauchabzugsanlage in der Wiegenwalze verbunden ist. Die Munitionsversorgung erfolgt über einen Munitionsbereitschaftskasten, der an der linken Turm-Innenwand befestigt ist; der Kasten fasst bis zu 1000 Schuss. Neben dieser Munition werden weitere 4500 Schuss 7,62 mm in 18 Patronenkästen im Fahrzeug (vornehmlich auf dem Wannenboden unter der Turmdrehbühne) gelagert.

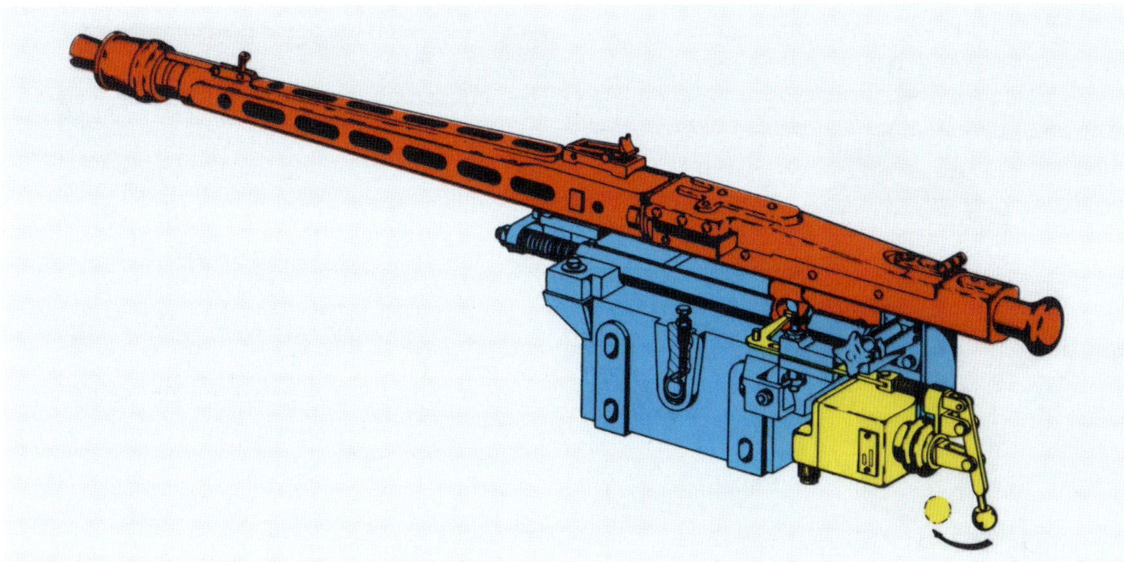

Nebelmittel-Wurfanlage (NMWA)

Bei überraschend auftauchenden, überlegenen Feindkräften kann sich der KPz Leopard 1 im Schutz einer selbst erzeugten Nebelwand zurückziehen. Für die Selbstvernebelung verfügt das Fahrzeug über eine Nebelmittel-Wurfanlage (NMWA). Sie besteht aus 2 x 4 Wurfbechern (Kaliber 76 mm), die außen an der linken und rechten Turmseite auf entsprechenden Konsolen befestigt sind. Die Wurfbecher weisen eine unterschiedliche Abgangsrichtung auf, sodass sich die Granaten fächerförmig vor dem Fahrzeug verteilen. Die Zündung der Wurfbecher erfolgt elektrisch. Die Auslösung kann vom Kommandanten an einem entsprechenden Bediengerät an der rechten Turm-Innenwand vorgenommen werden. Neben den acht Nebelgranaten in der Anlage können weitere acht Granaten im Turmheck verstaut werden.

Komponente	NMWA
Kaliber	76 mm
Schusswinkel Elevation	45 Grad
Schusswinkel Azimut	fahrzeugabhängig
Schussweite	ca. 40–50 m
Wirkbeginn nach Abfeuerung	≥ 4 sec
Wirkdauer der Nebelwand	≥ 40–60 sec

Turm-Entfernungsmessgerät TEM-2A

Das Turm-Entfernungsmessgerät (TEM) dient dem Richtschützen im KPz Leopard 1 als Entfernungsmess- und Zielgerät für die Bordkanone. Bei einer 16-fachen Vergrößerung ermöglicht es die Entfernungsmessung wahlweise nach dem Mischbild- und dem Raumbildprinzip. Im TEM sind für die Munitionsarten APDS und HEAT Kurvenscheiben vorhanden, die bei jeder ermittelten Entfernung automatisch den entsprechenden Aufsatzwinkel bei der Einstellung der Visiermarke berücksichtigen. Das TEM besteht aus dem Basisrohr mit einer Messbasis von 1,72 m, dem Okulararm und dem Okularkasten. An den TEM angeschlossen ist ein Spannungswandler sowie die Fußsteuerung. Aufgrund der für das Raumbildverfahren notwendigen stereoskopischen Sicht steht dem Richtschützen beim TEM ein binokularer Einblick zur Verfügung. Durch eine individuelle Anpassung der Stirnstütze, des Augenabstandes und der Bildschärfe kann der Richtschütze die für seine Situation optimalen Bedingungen herstellen.

Für die Entfernungsmessung muss der Richtschütze durch ein Wipp-Pedal am Boden der Drehbühne beim Mischbildverfahren die beiden Teilbilder in den Okularen zur Deckung bringen. Das Mischbildverfahren führt auch ohne größeren Ausbildungsaufwand zu brauchbaren Ergebnissen. Beim Raumbildverfahren muss der Richtschütze durch die Fußsteuerung die Messmarke in die Zielebene bringen. Das Raumbildverfahren erfordert sowohl die Fähigkeit der stereoskopischen Sicht beim Richtschützen wie auch eine aufwändigere Ausbildung. Im Optimalfall ist es jedoch genauer als das Mischbildverfahren und kann auch noch bis tief in die Dämmerung eingesetzt werden.

Bei nachgerüsteter Stabilisierungsanlage wird aufgrund der mechanischen Verbindung des TEM zur Hauptwaffe ein gewisser Stabilisierungseffekt für die Optik erreicht.

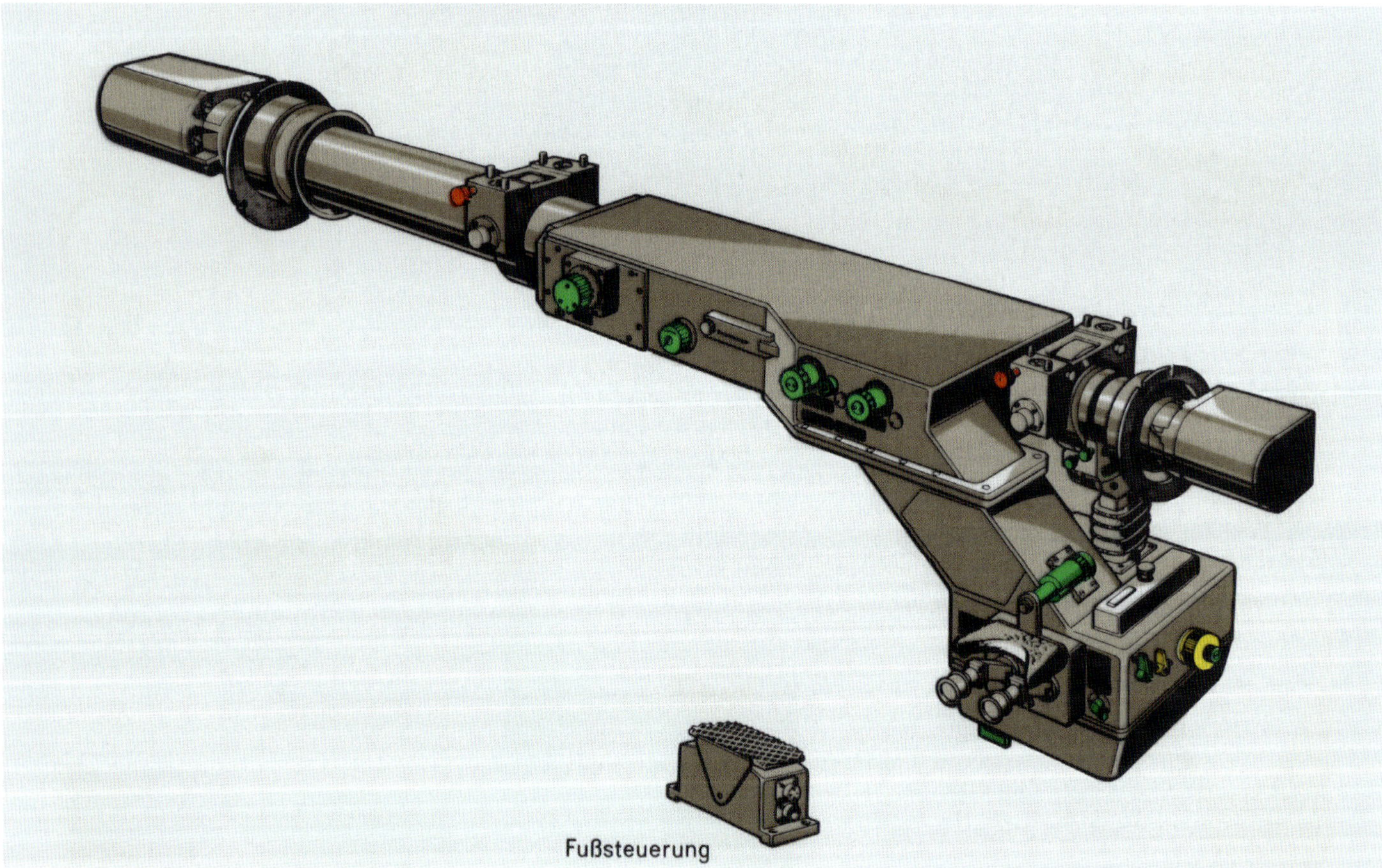

Zielfernrohr EMES 18

Das Zielfernrohr EMES 18 ist die Hauptzieleinrichtung des KPz Leopard 1 A5 und ermöglicht dem Richtschützen und dem Kommandanten über einen in der Höhe und Seite stabilisierten Spiegel die wirksame Bekämpfung von Zielen unter Nutzung des tag- oder des Wärmebildkanals. Die Entfernung kann über einen integrierten Lasersender und -empfänger exakt bestimmt werden. Die ermittelten Daten werden automatisch an den Rechner der Feuerleitanlage übergeben. Der Richtschütze verfügt über einen binokularen Einblick; der Kommandant kann über eine optische Verbindungsbaugruppe mit monokularem Einblick ebenfalls das EMES 18 nutzen. Darüber hinaus ermöglicht das EMES 18 in Verbindung mit dem an der Rohrmündung befindlichen Kollimator eine ständige Kontrolle eines etwaigen Rohrverzugs (Feldjustieranlage).
Das Zielfernrohr EMES 18 ist auf der rechten Turmseite vor dem Richtschützenplatz angeordnet; für die Ausblickbaugruppe wurde eine gepanzerte Schutzhaube auf dem Turmdach montiert. Durch weitgehende Verwendung von Leopard 2-Baugruppen ergeben sich logistische Vorteile; auch das Bedienkonzept entspricht weitgehend den im Leopard 2 vorliegenden Verhältnissen. Durch die Verwendung gleicher Baugruppen im Zielfernrohr EMES 18 konnte bei der Zielbekämpfung ein adäquates Leistungsvermögen zwischen Leopard 1 und Leopard 2 erreicht werden.

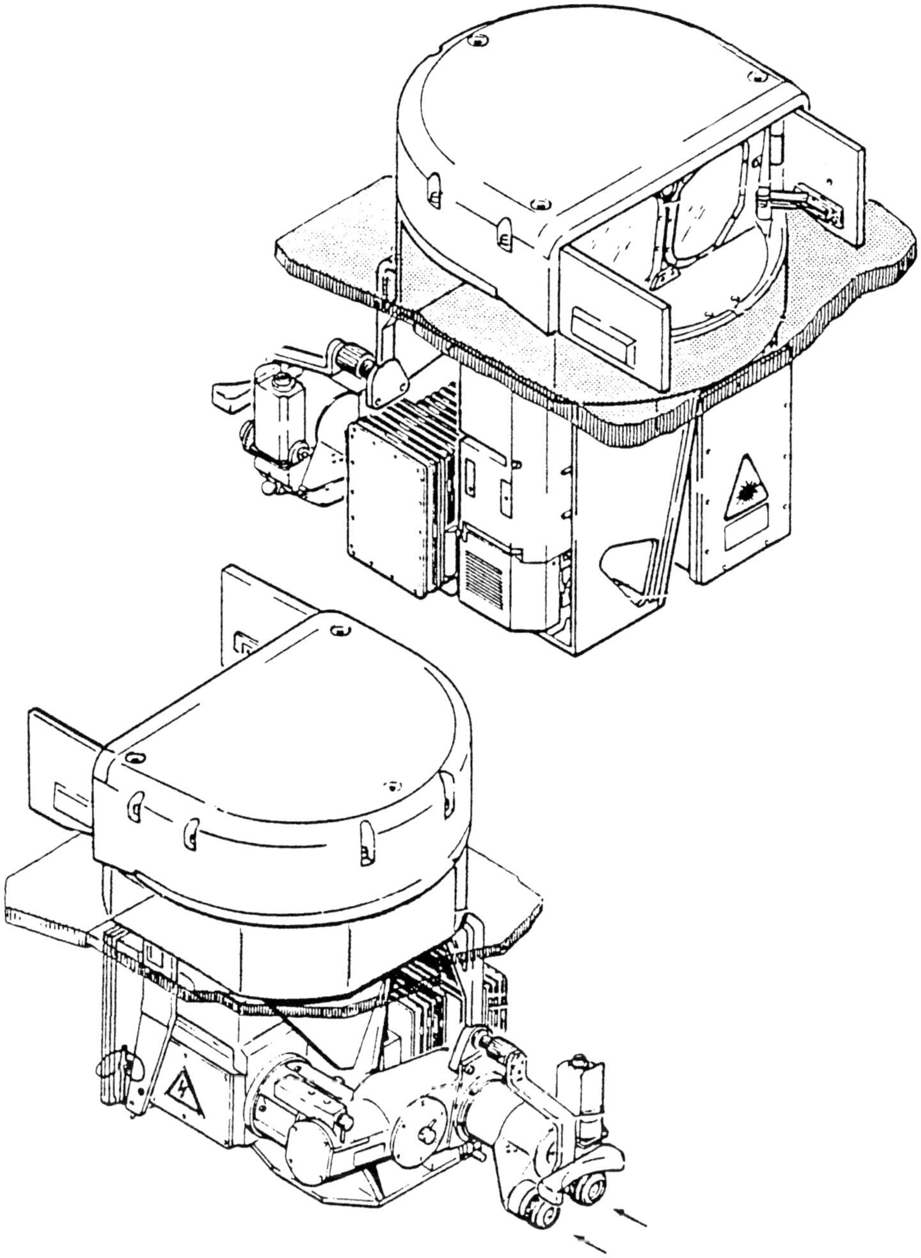

Turm-Zielfernrohr TZF 1A

Das Turm-Zielfernrohr (TZF) hat eine 8-fache Vergrößerung und dient dem Richtschützen als Zielgerät für das Turm-MG und in besonderen Fällen für die Hauptwaffe – z. B. bei Ausfall des Bordnetzes. Es befindet sich an der rechten Seite der Waffe. Es verfügt über einen monokularen Einblick. Zwischen dem Objektivstutzen und dem Okulararm ist ein optisches Gelenk eingebaut. Damit folgt der Objektivstutzen (Ausblick) der vertikalen Höhenrichtbewegung der Waffe, während der Okulararm (Einblick) fest im Turmgehäuse befestigt ist und damit immer in einer für den Richtschützen günstigen Lage gehalten werden kann. Bei der Zielbekämpfung muss der Richtschütze die Zielentfernung schätzen und eine entsprechende Markierung auf der Entfernungsskala für die ausgewählte Munition einstellen. Hierfür verfügt das Turmzielfernrohr in der Optik über entsprechende Entfernungsskalen für die Munitionsarten APDS, HEAT und HESH sowie für die Munition des Turm-MGs. In die Länge der Entfernungsskala ist der munitionsabhängige Aufsatzwinkel eingearbeitet. Beim Anrichten des Zieles mit der Visiermarke (Haltepunkt: Zielmitte) ist somit der Aufsatzwinkel berücksichtigt. Alle weiteren Einflüsse (Vorhalt, Verkantung, Seitenwind usw.) müssen vom Richtschützen selber abgeschätzt werden.

Bei Ausfall des Bordnetzes kann der Turm in der Seite durch die Seitenrichtkurbel und die Waffe in der Höhe durch die Hand-Höhenrichtkurbel auf das Ziel gerichtet werden. Die Abfeuerung der Patrone erfolgt durch den links vom Richtschützen befindlichen Stoß-Generator (Notabfeuerung).

In allen drei Zieleinrichtungen des KPz Leopard 1 ist eine sogenannte Feuerblende eingebaut. Hierdurch wird die Optik nach Schussabgabe für 0,25 sec verschlossen. Diese Maßnahme soll eine Blendung von Richtschützen und Kommandanten durch das Mündungsfeuer verhindern.

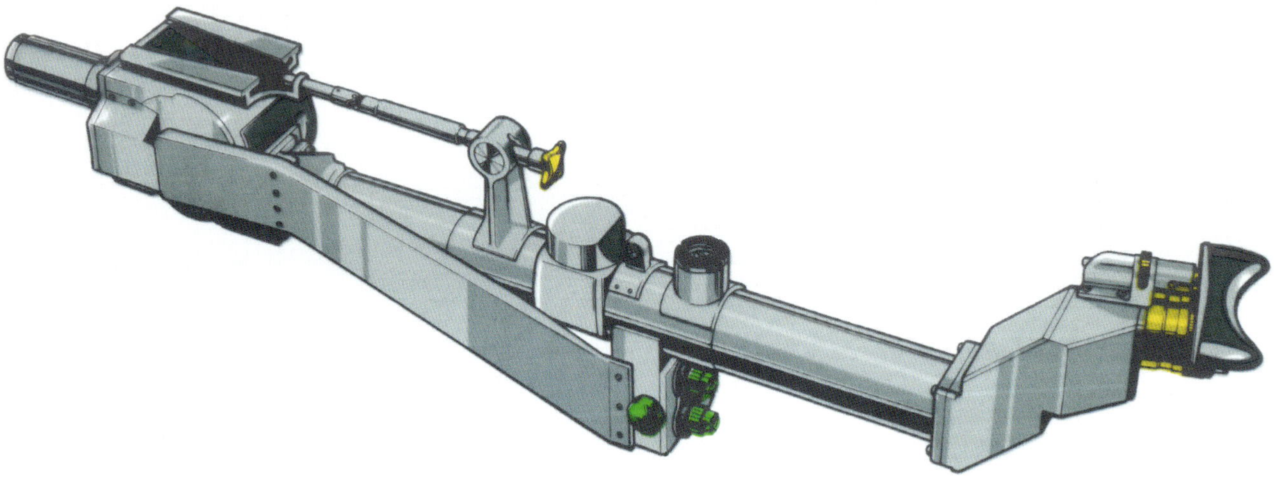

Pankratisches Rundblick-Zielfernrohr TRP 2 A

Das Pankratische Rundblickzielfernrohr (TRP) dient dem Kommandanten im KPz Leopard 1 als Beobachtungsgerät, zur behelfsmäßigen Ermittlung der Zielentfernung und als Zielgerät für das Schießen mit der Bordkanone. Eine biegsame Welle zwischen dem TRP und dem Seitenteilkreis hält das Fernrohr auf dem Ziel, wenn der Turm geschwenkt wird. Über die Übersteuerungseinrichtung der Richtanlage kann der Kommandant damit auch dem Richtschützen ein Ziel zuweisen. Durch eine elektrische Winkel-Übertragungsanlage (TEW) zwischen dem TRP und der Bordkanone wird der Elevationswinkel der Hauptwaffe automatisch auf das TRP übertragen. Bei eingestellter Munitionsart wird dabei auch der entfernungsabhängige Aufsatzwinkel bei der Einstellung des TRP berücksichtigt. Damit ist der Kommandant auch in besonderen Fällen in der Lage, Ziele eigenständig zu bekämpfen.

Der Kommandant kann an dem TRP stufenlos zwischen einer 6–20-fachen Vergrößerung wäh-

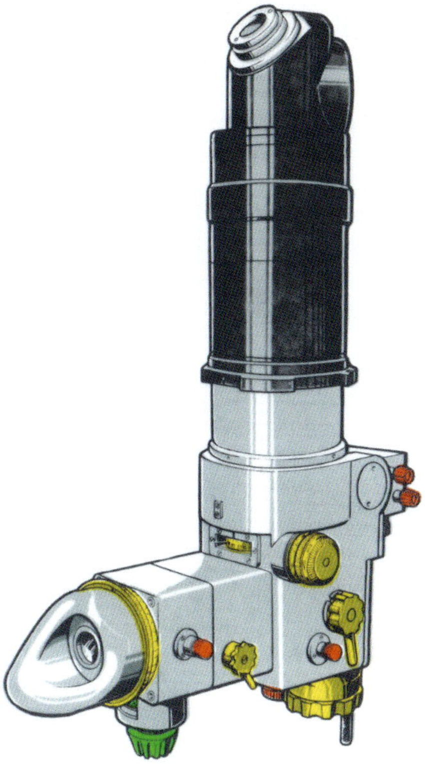

len. Durch die variable Entfernung ist der optimale Einsatz des Gerätes sowohl als Beobachtungsmittel (kleinere Vergrößerung) wie auch als Zielmittel (große Vergrößerung) möglich. Die vari-

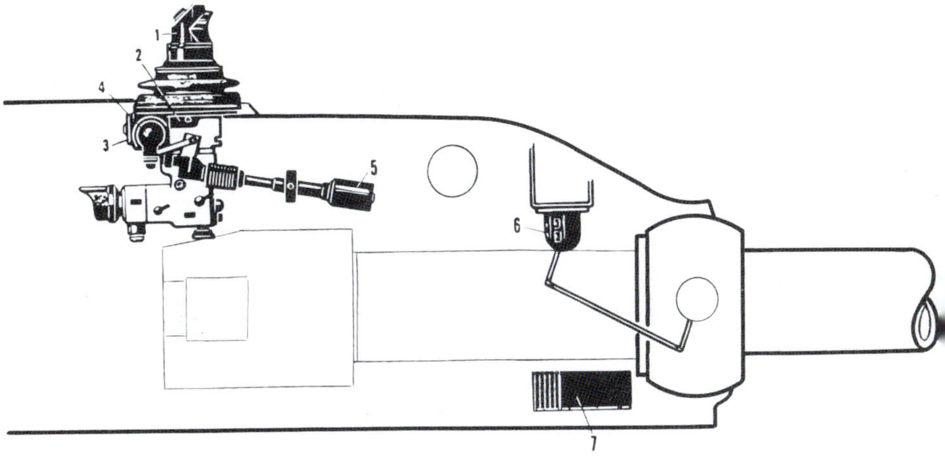

Elektrische Winkelübertragungsanlage TEW-1A: Ein großer Vorteil des KPz Leopard 1 gegenüber allen anderen KPz seiner Epoche war die Möglichkeit, dass der Kommandant mit seinem pankratischen Rundblick-Zielfernrohr in besonderen Lagen auch mit der Hauptwaffe schießen konnte. Um diese Funktion zu ermöglichen, war die elektrische Winkelübertragungsanlage TEW-1A ein ganz wesentliches Element. Durch einen hochpräzisen Stellungsgeber, der über ein Parallelogrammgestänge mit der Hauptwaffe verbunden war, konnte die jeweilige Position der Hauptwaffe ermittelt werden. Dieser Wert wurde über einen Rückführungsgeber in Verbindung mit einem Stellmotor an das Zielfernrohr übertragen – dabei wurde bereits ein munitions- und entfernungsabhängiger Aufsatzwinkel berücksichtigt. Unter Nutzung seines Richtgriffes konnte der Kommandant den Richtschützen übersteuern und mit Hilfe der TEW-1A ein Ziel anrichten.

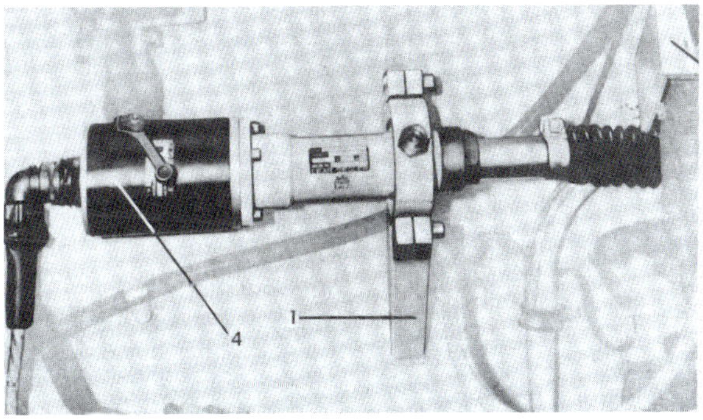

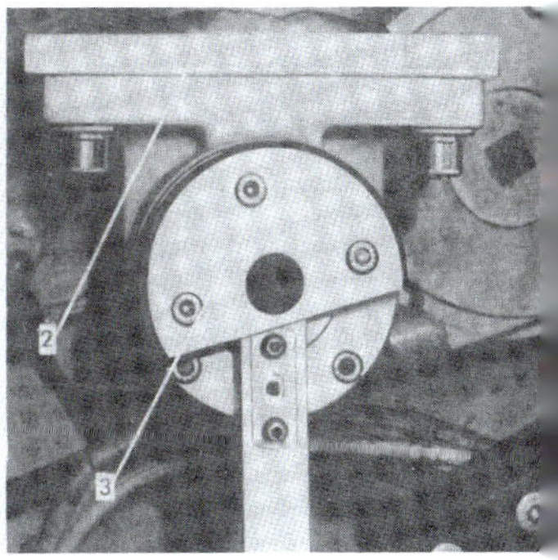

Bauteile der TEW-1A: Auf dem linken Bild ist der Stellmotor sowie der Spindelantrieb zur Verstellung des pankratischen Zielfernrohrs erkennbar. Auf dem rechten Bild ist der mit der Hauptwaffe verbundene Stellungsgeber ersichtlich.

able Vergrößerungseinstellung ermöglicht dem Kommandanten durch Einsatz eines Messrahmens im Okular bei bekannten Zielabmessungen auch eine behelfsmäßige Entfernungsermittlung durchzuführen (Entfernungsmessung mit Basis am Ziel). Bei Fahrzeugen mit nachgerüsteter

Stabilisierungsanlage ergab sich durch die Winkel-Übertragungsanlage auch ein gewisser Stabilisierungseffekt für das TRP.
Die variable Vergrößerung des TRP und die relativ aufwändigen Verbindungselemente des TRP mit der Hauptwaffe führten bei Einführung des KPz Leopard 1 zu einer Überlegenheit gegenüber allen anderen Kampfpanzern bezüglich den Möglichkeiten des Kommandanten bei der Gefechtsfeldbeobachtung, bei der Zielzuweisung und beim Einsatz der Hauptwaffe (»hunter-killer-Prinzip«).
Das TRP sitzt seitlich rechts versetzt vor der Kommandantenluke in dem sogenannten Fernrohrhalter. Nach Lösen eines Befestigungsringes kann das TRP gegen das IR-Zielgerät für den Nachtkampf ausgetauscht werden.

IR-Zielfernrohr ELTRO B 171

Für den Nachtkampf kann in die Halterung TRP-2A an dessen Stelle das IR-Zielfernrohr eingesetzt werden. In Verbindung mit dem IR/Weißlicht-Schießscheinwerfer (IR-Betriebsart) kann eine Gefechtsfeldbeobachtung sowie eine Zielbekämpfung durch den Kommandanten erfolgen; die Optik bietet eine 8-fache Vergrößerung.
Die von dem Scheinwerfer ausgesandten IR-Strahlen werden durch eine Bildwandlerröhre im IR-Zielfernrohr wieder sichtbar gemacht. Zum Betrieb benötigt die IR-Bildwandlerröhre eine Gleichspannung von 16.000 Volt, die in einem integrierten Hochspannungsgerät erzeugt wird.
Bei abgeschaltetem Scheinwerfer können durch den Bildwandler auch aktive IR-Quellen auf dem Gefechtsfeld erkannt werden.
Die Visiermarke im IR-Zielfernrohr kann auf eine Kampfvisiereinstellung von 800, 1000 oder 1200 m eingestellt werden. Auch das IR-Zielfernrohr verfügt über eine Feuerblende, die 0,25 sec lang nach Schussabgabe die Optik verschließt, um eine Überstrahlung der IR-Bildwandlerröhre und eine Blendung des Kommandanten zu vermeiden.

IR-/Weißlicht-Zielscheinwerfer AEG XSW-30-U

Der IR-/Weißlicht-Zielscheinwerfer dient dem Kommandanten und dem Richtschützen als Beleuchtungsquelle für die Geländebeobachtung sowie zur Zielbekämpfung bei Nacht. Am Bediengerät rechts vom Kommandantenplatz kann der Scheinwerfer vom IR-Betrieb auf Weißlichtbetrieb umgeschaltet werden. Das Weißlicht kann wahlweise gestreut oder gebündelt werden. Der Richtschütze kann in Verbindung mit dem TEM und dem TZF den Scheinwerfer nur im Weißlichtbetrieb nutzen. Der Kommandant kann in Verbindung mit dem IR-Zielfernrohr den

Scheinwerfer im IR-Betrieb zur Geländebeobachtung und zur Zielbekämpfung nutzen.
Als Lichtquelle dient eine Xenon-Hochdrucklampe, die in einer leicht austauschbaren Lampenpatrone eingefasst ist. Für die Zündung ist kurzzeitig ein Hochspannungsimpuls von ca. 40.000 Volt erforderlich; die Leistungsaufnahme während des Betriebs beträgt 950 W (zum Vergleich: der Schießscheinwerfer des KPz T-55 hatte eine Leistungsaufnahme von 200 W).

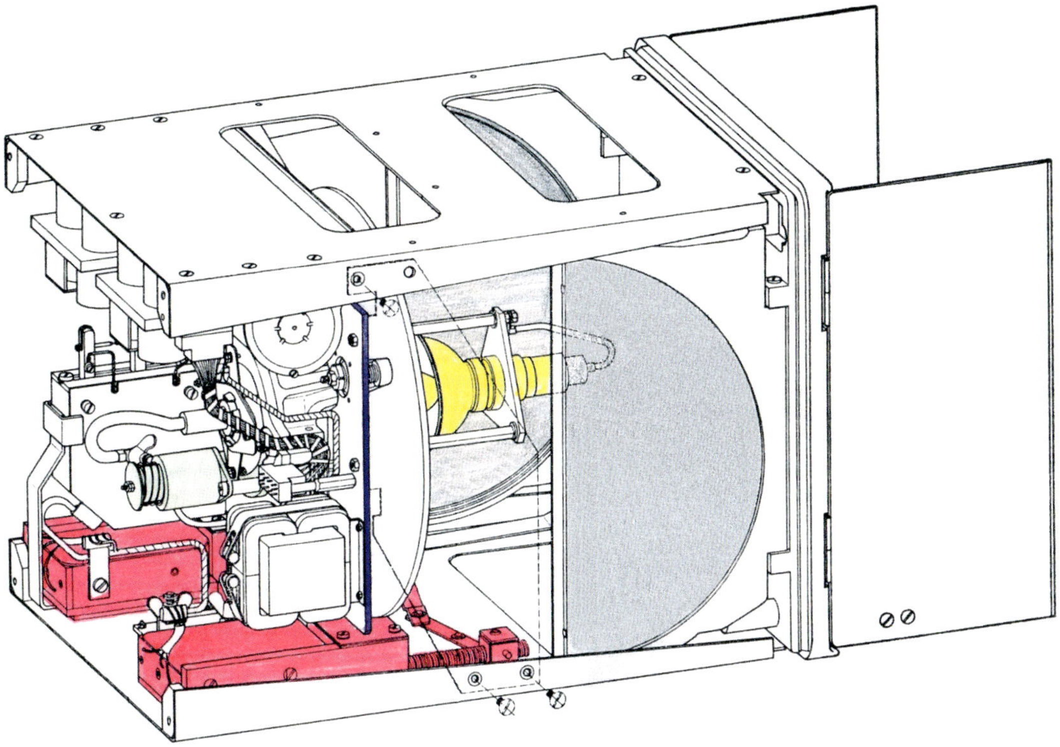

Wärmebildgerät (WBG)

Panzerentwicklung ist immer ein Ringen um Überlegenheit bei den Kampfwertkriterien gegenüber den Fähigkeiten der gegnerischen Kampffahrzeuge. Dies betrifft u. a. die Fähigkeit zum Führen des Feuerkampfes bei Nacht und schlechter Sicht.
Die Technologiestufen der Nachtsichttechnik führten von den aktiven Infrarot-Systemen über passive Restlichtverstärker zu den Wärmebildgeräten (WBG). Dabei führte das WBG zu einer Revolution im Bereich der Nachtkampffähigkeit, da z. B. mit WBG unter günstigen atmosphärischen Bedingungen ein Kampffahrzeug auf Entfernungen bis zu 10 km entdeckt werden kann! Problematisch bleibt allerdings die Identifizierung der Fahrzeuge. Die Identifizierungsentfernung liegt (je nach Leistungsfähigkeit des WBG) z. T. unterhalb der Haupt-Kampfentfernung.
Ziele bzw. Objekte werden durch das WBG aufgrund ihrer eigenen Wärme(ab)strahlung im Wellenlängenbereich des thermischen Infrarot (8–14 µm) aufgeklärt; schon geringe Temperaturunterschiede machen sich als Kontrast- bzw. Farbunterschiede im Wärmebild bemerkbar.
Der Durchbruch der Wärmebild-Technologie gelang in den USA erst in den 1970er Jahren, da zur Realisierung leistungsfähiger Wärmebildgeräte die (Ab-)Kühlung des quecksilberdotierten Cadmium-Tellurid-Detektors auf minus 197 Grad Celsius erforderlich ist. Es bedurfte erheblicher Anstrengungen, um hierfür eine panzertaugliche Lösung zu schaffen. Eine Einführung in die Streitkräfte der westlichen Nationen war auch erst möglich, nachdem die Grundbaugruppen (common modules) in großen Stückzahlen gefertigt werden konnten. An die Grundbaugruppen wurden dann fahrzeugspezifische Okular- und Objektivbaugruppen montiert. Die Bundeswehr beschaffte im Zeitraum 1981–1987 ca. 5140

Wärmebildgeräte zum Einbau in die Fahrzeuge: KPz Leopard 1 und 2; SPz Marder und Spähpanzer Luchs (Systempreis: ca. 250.000–300.000 DM). Hierdurch konnte jahrelang eine klare Überlegenheit der Nachtkampffähigkeit gegenüber den Kampffahrzeugen des Warschauer Paktes erreicht werden.

Elektrohydraulische Turm- und Waffenrichtanlage

Die Hauptwaffe wird in Seite durch Schwenken des Turmes, in Höhe durch Drehung um die Schildzapfenachse gerichtet. Das Schwenken des Turmes erfolgt dabei durch das Seitenschwenkwerk. Ein Heben und Senken der Waffe wird durch den Höhenrichtzylinder bewirkt. Die erforderlichen Ölströme werden durch die Richtgriffe des Richtschützen bzw. des Kommandanten gesteuert.

Die notwendige hydraulische Energie für die Richtbewegungen wird durch einen Elektromotor mit einer Leistung von 6,35 kW erzeugt, der über eine Zahnradpumpe Öl aus einem Vorratsbehälter in einen Druckspeicher pumpt. Der Druckspeicher arbeitet in einem Betriebsdruckbereich von 80–113 bar und stellt die benötigte Ölmenge dem Steuerventilblock zur Verfügung. Durch Kippen des Richtschützengriffes um die Querachse wird der Höherichtzylinder mit Öl beaufschlagt, der Höhenrichtzylinder kann die Hauptwaffe um die Schildzapfenachse in einem Elevationsbereich von -9 bis +20 Grad bewegen. Durch Schwenken des Richtschützengriffes um die Längsachse wird ein Radialkolbenmotor im Seitenschwenkwerk mit Öl beaufschlagt, der über ein Getriebe ein Ritzel antreibt. Das Ritzel wiederum greift in die Zähne des Turmdrehkranzes ein. Das Maß der Auslenkung des Richtgriffes bestimmt dabei den Volumenstrom des durchfließenden Öles; damit bestimmt das Maß der Auslenkung des Richtgriffes die Geschwindigkeiten beim Heben und Senken der Waffe bzw. beim Schwenken des Turmes. Der Turm kann in 16 sec um 360 Grad gedreht werden.

Der Kommandant kann zu jeder Zeit durch Betätigen seines Richtgriffes die Aktionen des Richtschützen übersteuern und das Richten der Waffe übernehmen. Für den Notbetrieb (Ausfall des Bordnetzes) stehen dem Richtschützen eine Handhöhenrichtkurbel sowie eine Seitenrichtkurbel zur Verfügung. Um Beschädigungen an Waffe und Fahrgestell zu vermeiden, ist ein sogenannter Heckabweiser vorhanden. Dieser bewirkt bei eingeschalteter Hydraulikanlage ein Anheben der Waffe (unabhängig von der Position der Richtgriffe), sofern sich der Turm in einer Stellung zwischen 8 und 4 Uhr befindet.

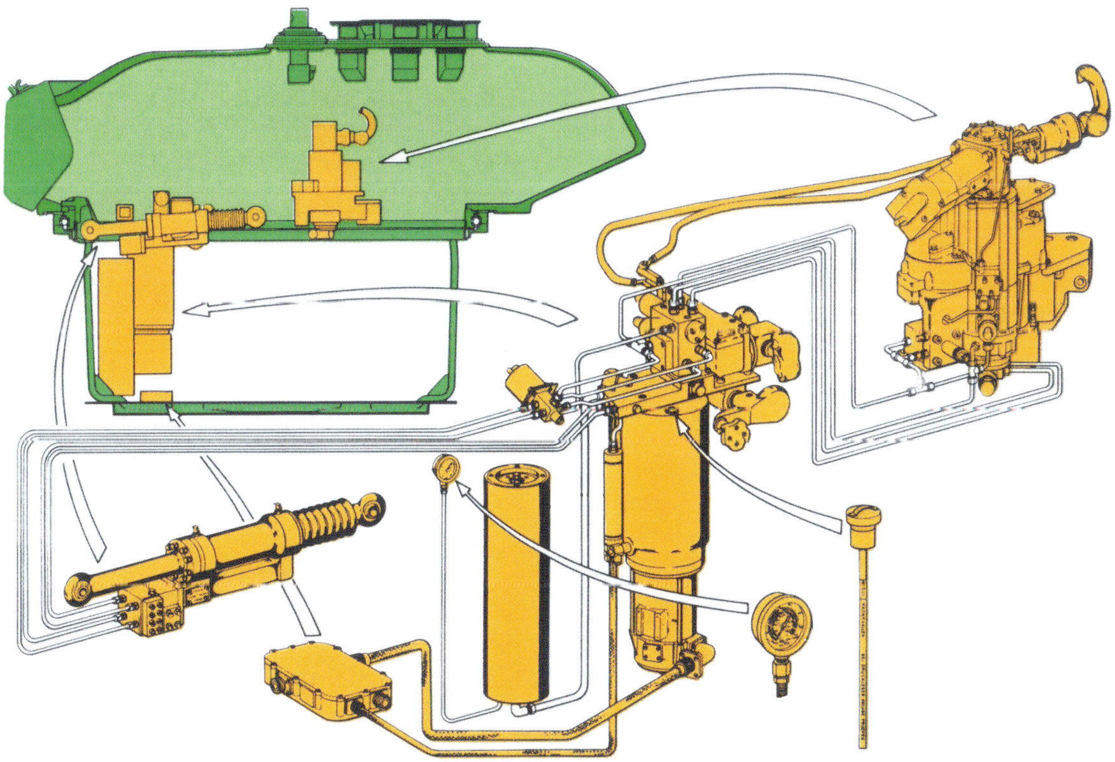

Waffenstabilisierung (WSA)

Durch die Fähigkeit, den Feuerkampf aus der Bewegung zu führen, kann die Überlebenswahrscheinlichkeit des eigenen Fahrzeugs erhöht werden – sofern das gegnerische Fahrzeug nicht über eine hoch entwickelte Feuerleitanlage verfügt. Voraussetzung für den Kampf aus der Bewegung ist das Vorhandensein einer Stabilisierung von Turm, Waffe und den Optiken.
Zum Serienbeginn des KPz Leopard 1 war die untersuchte WSA noch nicht einführungsreif, sondern konnte erst ab dem Jahr 1972 nachgerüstet werden. Für den Leopard 1 A1 wurde ein Nachrüstsatz entwickelt, der nachträglich an die vorhandene Richtanlage adaptiert wurde.
Aufgabe der WSA ist es, Störbewegungen des Fahrgestells bei Fahrt im Gelände, die auf Turm und Waffe wirken, auszugleichen; d. h. die Waffe soll ihre Lage im Raum beibehalten. Es handelt sich also um eine Raum- bzw. Lagestabilisierung und nicht um eine Punktstabilisierung! Die Waffe bleibt durch die Stabilisierung nicht auf dem Ziel gerichtet – um dies zu erreichen, sind Korrekturen durch den Richtschützen erforderlich. Die Stabilisierung von Turm und Waffe erfolgt durch Kreisel, die jede Winkeländerung um die Hoch- und Querachse des Fahrzeugs erfassen und in elektrische Signale umsetzen. Die Signale werden elektronisch verarbeitet und sogenannten Servoventilen zugeführt. Diese wandeln die elektrischen Signale in proportionale hydraulische Förderströme um, die auf die entsprechenden Stellantriebe (Seitenschwenkwerk bzw. Höhenrichtzylinder) wirken.
Aufgrund der zu geringen Antriebsleistung des Richtantriebes und der mechanischen Koppelung der Optiken mit der Waffe war bei den KPz Leopard A1–A3 ein effektiver Feuerkampf aus der Bewegung noch nicht möglich – allenfalls konnte durch die WSA die Zeit für den Schießhalt verkürzt werden. Erst der KPz Leopard 1 A4 war aufgrund der primär stabilisierten Optik im PERI-R 12 in der Lage, einen treffsicheren Schuss aus der Fahrt abzugeben.

WSA ohne Stabilisierung.

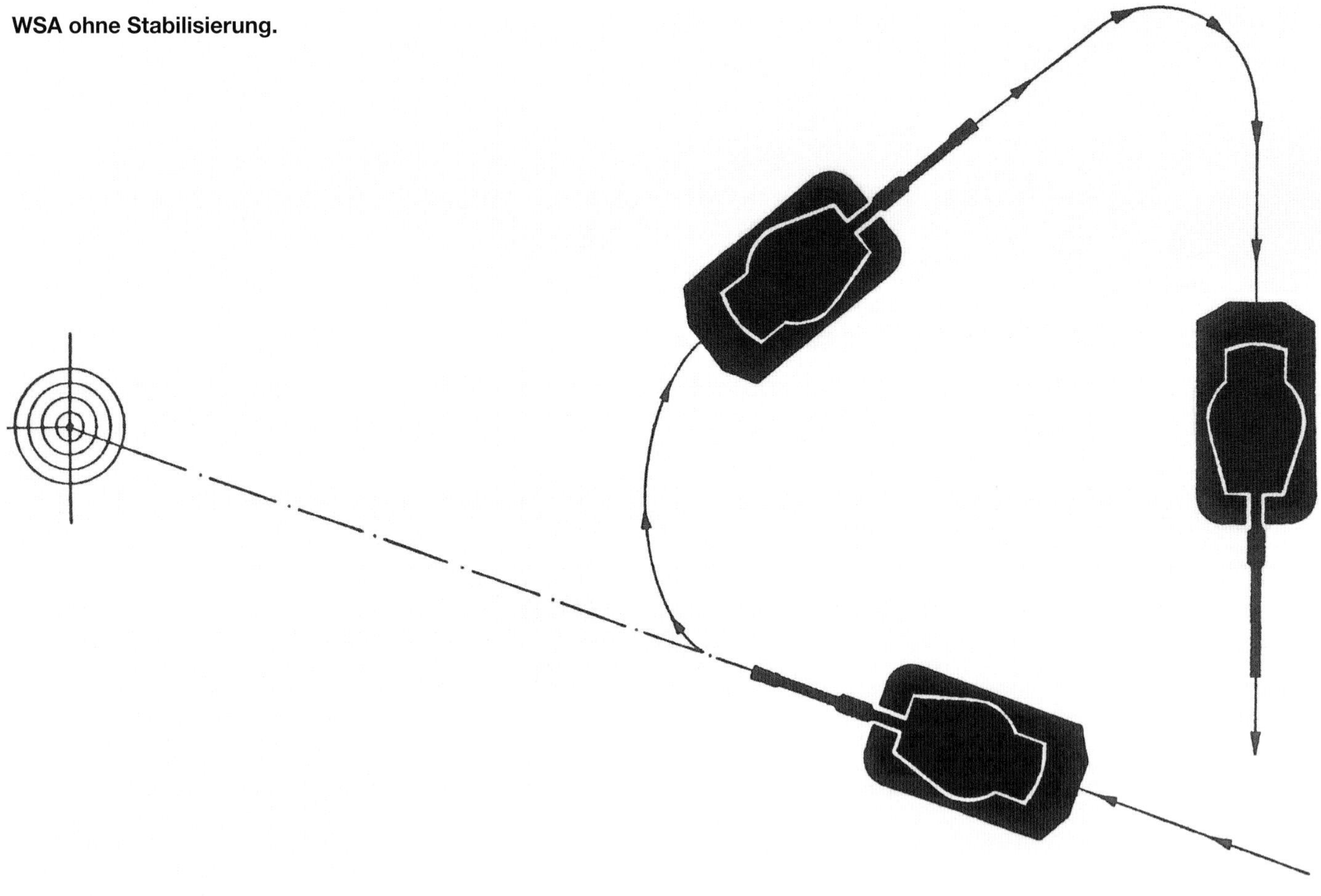

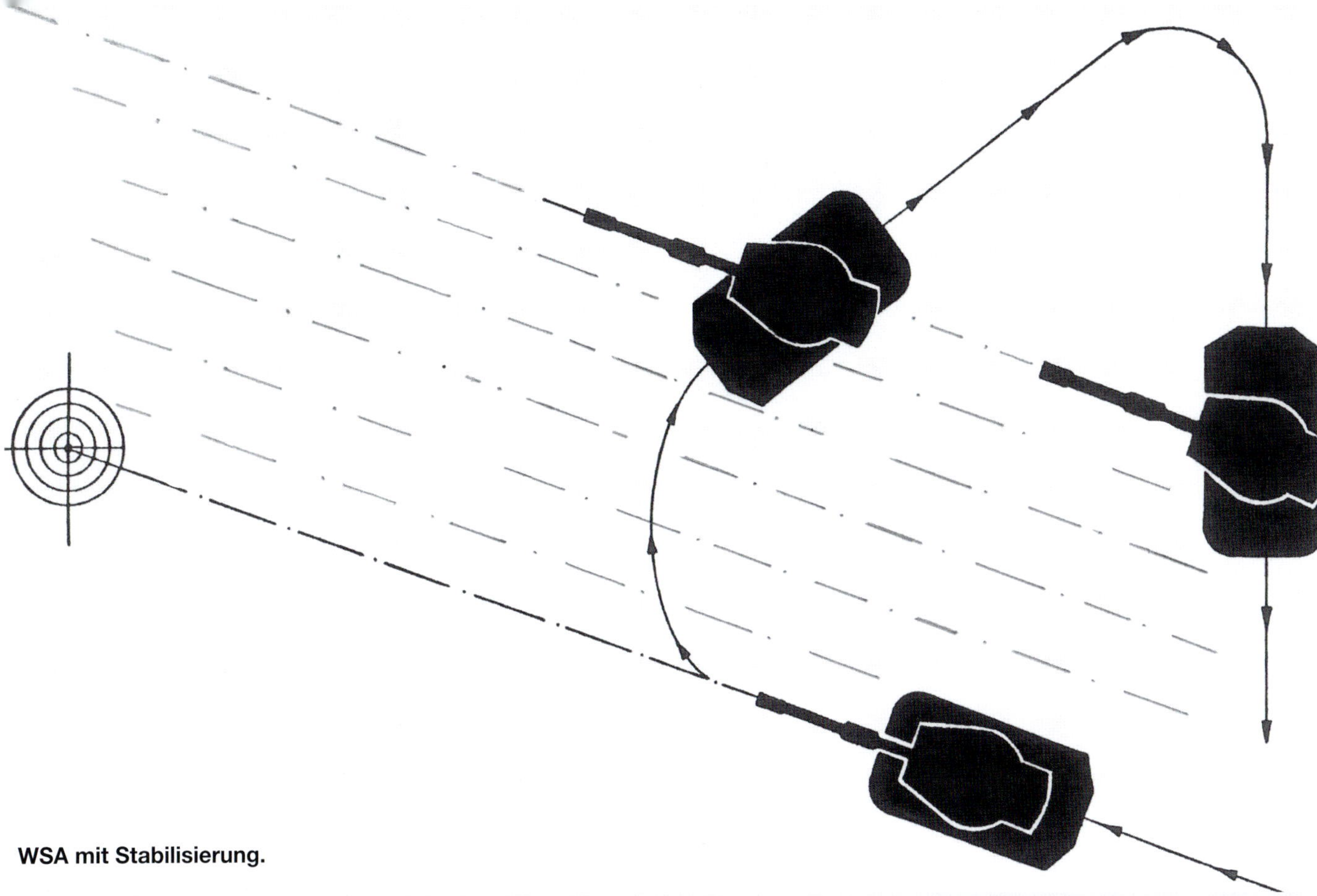

WSA mit Stabilisierung.

WSA mit Stabilisierung und Feinkorrektur durch den Richtschützen.

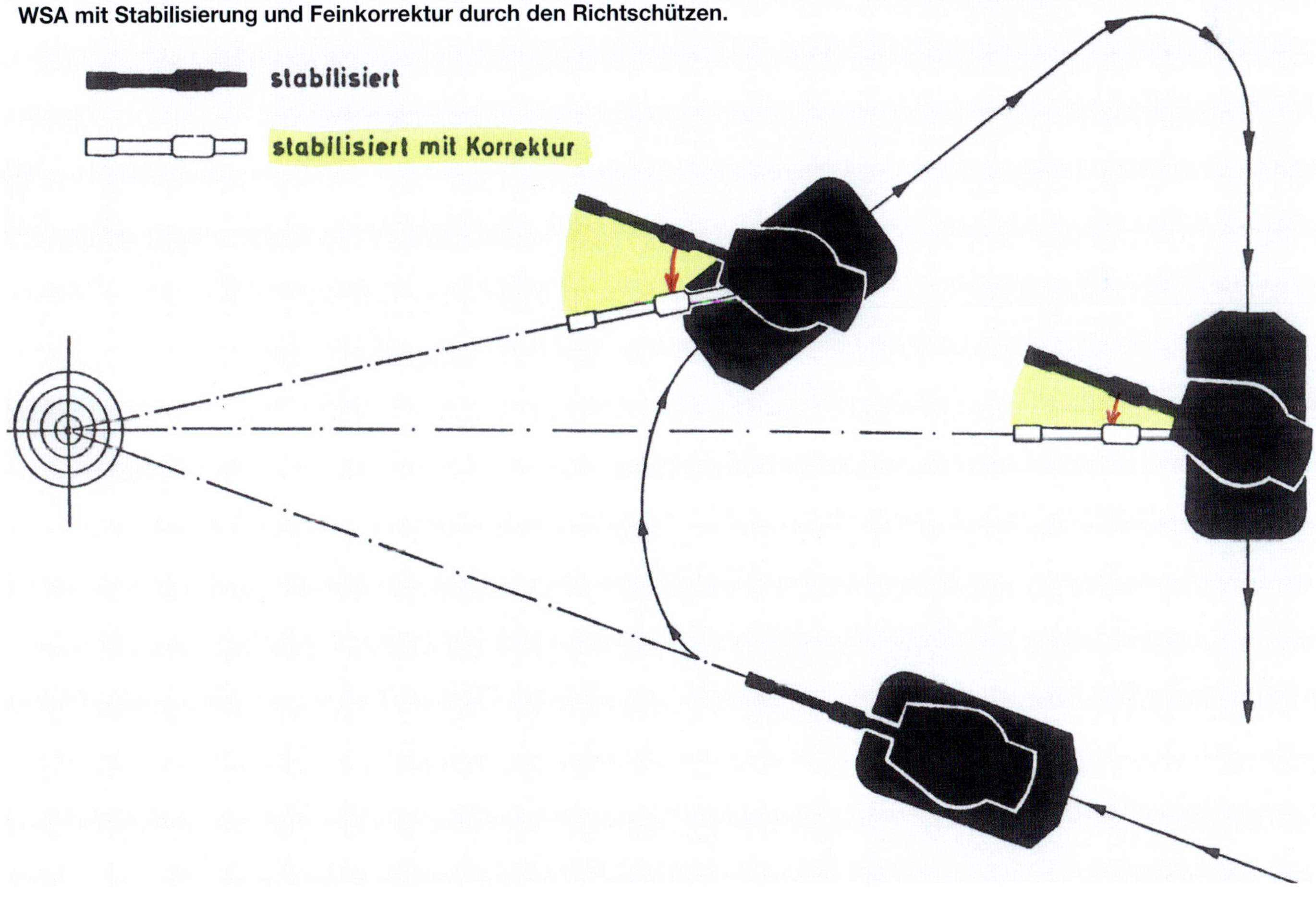

Beweglichkeitsbestimmende Komponenten / Antrieb

Motor mb 838 CaM 500

Typ	MB 838 CaM 500
Art	4-Takt-Vorkammer-Mehrstoffmotor
Zylinderzahl/Anordnung	10-Zyl.-90-Grad-V-Form
Art der Aufladung	mechanisch (Kompressor)
Bohrung / Hub	165 mm / 175 mm
Hubraum	37,4 l
Verdichtungsverhältnis	1 : 19,5
mittlere Kolbengeschw.	12,8 m/sec
Nennleistung/Nenndrehz.	610 kW / 2200 Upm
Höchstdrehmoment	2805 Nm / 1540 Upm
Literleistung	16,3 kW/l
Zylinderleistung	61 kW/Zyl.
Luftbedarf bei Nennleistg.	52,2 m^3/min
Spezif. Kraftstoffverbrauch	262 g/kWh
Ölmenge bei Erstbefüllung	72 l
Motormasse; trocken	1920 kg

Das Grundkonzept des Motors im KPz Leopard 1 geht auf Initiative der schweizerischen Rüstungsbehörden zurück, die bereits im Jahr 1952 bei der damaligen Firma Daimler Benz AG die Entwicklung eines kompakten Hochleistungsmotors für Panzerfahrzeuge in der 30-to-Klasse angeregt hat. Bereits 1955 lief ein erster 8-Zylinder-Motor der Baureihe MB 837 als Saugmotor auf dem Prüfstand. Im Hinblick auf den 30-to-Standardpanzer wurde Fa. Daimler-Benz im Jahr 1957 vom Verteidigungsministerium zur Entwicklung der 10-Zylinder-Variante mit mechanischer Aufladung beauftragt. Um Erfahrungen im praktischen Fahrbetrieb zu gewinnen, wurden mit einem Prototypmotor entsprechende Versuche in einem umgebauten KPz M 47 durchgeführt. Bis zur Serienreife des Motors mb 838 mussten noch zahlreiche Änderungen und Verbesserungen vorgenommen werden.

Mit Einsatz des Dieselmotors in gepanzerten Kampffahrzeugen konnte gegenüber den älteren US-Panzerfahrzeugen (Otto-Motor) die Brandsicherheit sowie der Fahrbereich deutlich erhöht und die Verwundbarkeit des Fahrzeugs reduziert werden. Zum Zeitpunkt seiner Einführung im Jahr 1965 zeichnete sich der Motor des KPz Leopard 1 durch seine Kompaktheit, seine Standfestigkeit und seine Zuverlässigkeit sowie Lebensdauer aus.

Bei dem Motor mb 838 CaM 500 handelt es sich um einen flüssigkeitsgekühlten V 10-Zylinder-(90 Grad) Viertakt-Dieselmotor mit einem Hubraum von 37,4 l. Die Nennleistung von 611 kW wird bereits bei 2200 Upm erreicht. Zur Vorverdichtung der Ansaugluft dienen zwei mechanisch über Fliehkraftkupplungen angetriebene Ladergebläse. Die geschmiedete Kurbelwelle ist 6-fach gelagert. Jeder Zylinder verfügt über zwei Einlass- und zwei Auslassventile; die Ventile werden von den beiden Nockenwellen über Stößelstangen und Kipphebel angesteuert. Die Bosch-Einspritzpumpe ist platzsparend im V-Raum zwischen den beiden Zylinderreihen untergebracht.

Um eine hohe Zuverlässigkeit des Motors zu erreichen, werden alle Nebenaggregate nicht über Keil- oder Zahnriemen, sondern über Zahnräder mit Schrägverzahnung angetrieben.

Der Motor hat eine Trockensumpf-Druckumlauf-

MB 838 Ca-500

Motor Außenansicht.

schmierung, um auch bei extremen Schräglagen des Fahrzeugs eine sichere Ölversorgung der Schmierstellen zu gewährleisten. Im Kurbelgehäuse befindet sich ein Öl-Wasser-Wärmetauscher, durch den vor dem Anlassen bei extrem tiefen Temperaturen das Motoröl über die Fahrzeugheizung vorgewärmt werden kann. Zur Erleichterung des Anlassvorgangs kann in diesen Fällen der Motor bei Bedarf durch eine manuell schaltbare Klauenkupplung vom Getriebe getrennt werden. Am Motor seitlich angeflanscht sind u.a. der ölgekühlte Generator (9 kW) und der Anlasser (11 kW). Alle anderen Aggregate (Filter, Behälter usw.) sind ebenfalls organisch und platzsparend am Kurbelgehäuse angebaut.

Luftfilter

Die vom Motor angesaugte Verbrennungsluft wird von zwei in den Kettenschultern befindlichen Trockenluftfiltern in zwei Stufen gereinigt. In der ersten Stufe durchläuft die Brennluft eine Zyklonbatterie, in der die Brennluft durch Zentrifugalwirkung zu ca. 99 % gereinigt wird. Die hier anfallenden Schmutzpartikel werden in einem Raum gesammelt und durch ein Staubabsauggebläse kontinuierlich in den Bereich des Abgasaustrittes befördert. Die vorgereinigte Luft passiert in der zweiten Stufe drei Filztaschenelemente. Danach tritt die Luft mit einem Reinheitsgrad von 99,8 % aus dem Feinfilterteil aus und gelangt in die Ansaugöffnungen der Kompressoren.
Beim Tiefwaten und bei Unterwasserfahrt werden die äußeren Klappen der Brennluftansaugung über jeweils zwei Zylinder der Tauchhydraulik geschlossen. Die Ansaugung der Motorbrennluft erfolgt dann über zwei geöffnete Handlochdeckel in der Schottwand zum Triebwerksraum. In diesem Fall wird die Brennluft durch den Kampfraum bzw. die geöffnete Kommandantenluke (darauf: Tiefwatschacht oder Unterwasser-Fahrschacht) angesaugt. Ab dem Jahr 1972 (Leopard 1 A2) wurden die relativ empfindlichen Filztascheneinsätze durch robustere Filterpatronen in einem Metallgehäuse ersetzt; bei älteren Fahrzeugen wurde der Luftfilter entsprechend umgerüstet.

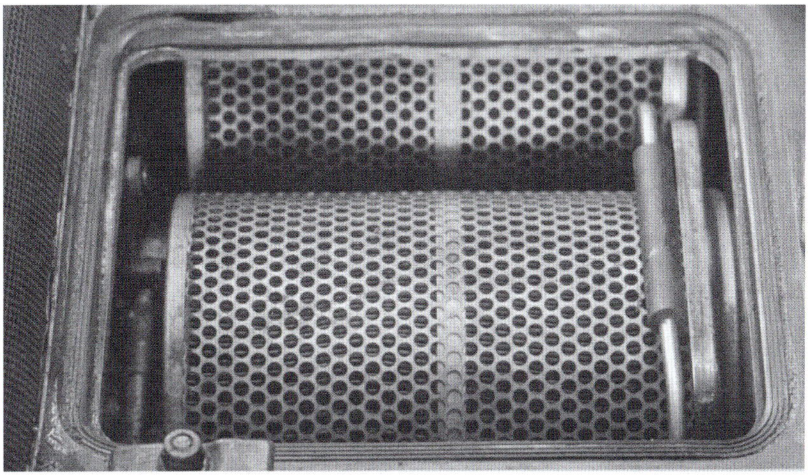

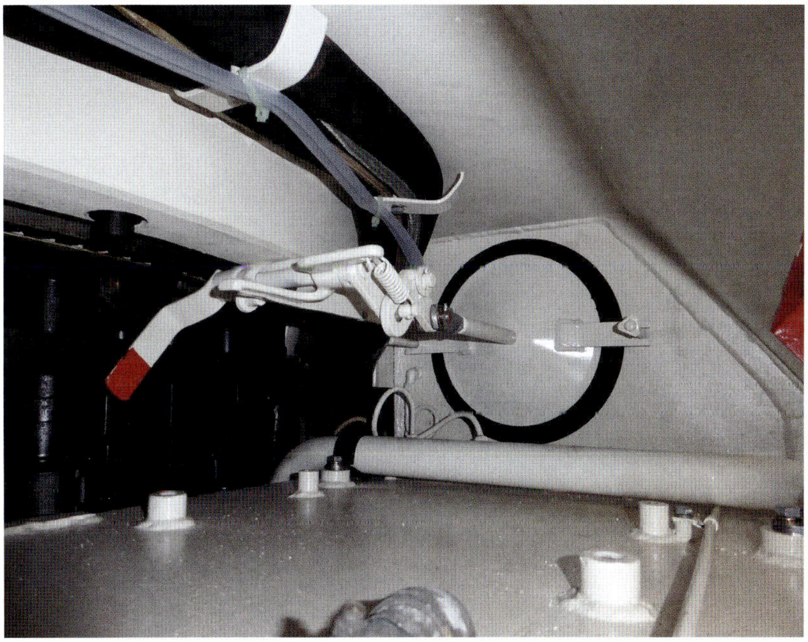

Handlochdeckel in der Schottwand: Bei Unterwasserfahrt des KPz Leopard 1 werden die äußeren Luftansaugöffnungen für die Luftfilter durch das Betätigen der Tauchhydraulik geschlossen. Für diesen Fall müssen die beiden Handlochdeckel in den seitlichen Wannennischen in der Schottwand manuell geöffnet werden. Dadurch erhält der Motor die notwendige Brennluft über den Kampfraum bzw. über den Unterwasserfahrschacht auf der Kommandantenluke.

Kraftstoffanlage

Die beiden Haupttanks der Kraftstoffanlage (475 und 480 l) sind links und rechts neben dem Motor im Triebwerksraum angeordnet. Über eine Tandem-Kraftstoffpumpe wird der Kraftstoff aus den Haupttanks in einen speziellen Entnahmebehälter (30 l) gefördert. Der Entnahmebehälter wird ständig bis zum Überlauf mit Kraftstoff befüllt, sodass der Motor auch bei extremen Schräglagen des Fahrzeugs zuverlässig mit Kraftstoff (ohne Lufteinschlüsse) versorgt wird. Das Heiz- und Vorwärmgerät im Kampfraum wird ebenfalls aus dem Entnahmebehälter mit Kraftstoff versorgt. Der notwendige Druckausgleich in den Kraftstoffbehältern beim Betanken oder beim Entleeren ist durch entsprechende Entlüftungs- und Belüftungsventile sicher gestellt. An der Instrumententafel des Fahrers wird der Füllzustand des linken oder rechten Haupttanks – entsprechend der Stellung des Umschalthahnes – angezeigt.

Kühlanlage

Der Kühlkreislauf des Leopard 1-Triebwerks umfasst 165 l Kühlflüssigkeit, die zu ca. 58 % aus Wasser besteht; die restlichen Anteile sind Korrosions- und Gefrierschutzmittel.
Beim Überschreiten einer Kühlmitteltemperatur von 83 Grad C wird der über dem Getriebe befindliche Lüfter in Gang gesetzt. Das Lüfterrad saugt die Umgebungsluft über ein auf der Triebwerkraumabdeckung befindliches Gräting an und drückt sie über den Luftführungskasten durch die links und rechts im Fahrzeugheck gelegenen Kühler. Nach Austritt aus den Kühlern vermischt sich die Kühlluft mit dem Abgas des Motors und tritt aus den seitlichen Auslassgrätings ins Freie. Bei hohem Kühlleistungsbedarf dreht das Lüfterrad mit 2800 Upm und benötigt eine Antriebsleistung von ca. 70 kW! Der Antrieb des Lüfters erfolgt über eine hydrodynamische Kupplung. Je nach Kühlleistungsbedarf wird die Lüfterdrehzahl durch eine Regulierung der Füllmenge an Öl im Kupplungsgehäuse variiert.
Beim Tiefwaten und bei Unterwasserfahrt werden Luftführungskasten und Kühler geflutet; damit ist eine sichere Kühlung des Motors gewährleistet. Luftführungskasten und Kühler sind durch Gummibälge gegenüber dem restlichen Triebwerksraum abgedichtet, sodass Motor, Getriebe und Bremsen in diesem Betriebszustand trocken bleiben. Im Luftführungskasten befinden sich im Bereich der Heckwand zwei Klappen, durch die bei Landfahrt eine gewisse Luftmenge zur Belüftung des Triebwerksraumes abgezweigt wird. Nach Kühlung des Triebwerksraumes tritt die erwärmte Luft durch zwei längliche Grätings auf der Triebwerksraumabdeckung unterhalb des Turmhecks wieder ins Freie. Beim Tiefwaten und bei Unterwasserfahrt werden diese beiden Klappen durch entsprechende Zylinder der Tauchhydraulik geschlossen.

Kühlanlage / Luftführungskasten: Das Bild zeigt eine Heckansicht des Triebwerks. Erkennbar ist mittig das Gehäuse des Lüfterrades und der darunter liegende Luftführungskasten. Über den Luftführungskasten wird die angesaugte Kühlluft in die beiden außen liegenden Kühler gedrückt. Obgleich die Anordnung der Bauelemente auf den ersten Blick einen sehr pragmatischen Eindruck macht, so stellte sich später in der Praxis heraus, dass die Kühlluft in dem Luftführungskasten stark verwirbelt wird und damit eine ungleichmäßige Anströmung der Kühlerflächen erfolgt. Durch die Kompression wird die angesaugte Luft im Lüfterrad um ca. 5 Grad erwärmt. Zu beachten ist auf dem Bild auch der zum Heck führende Zapfwellenanschluss des Getriebes 4 HP 250.

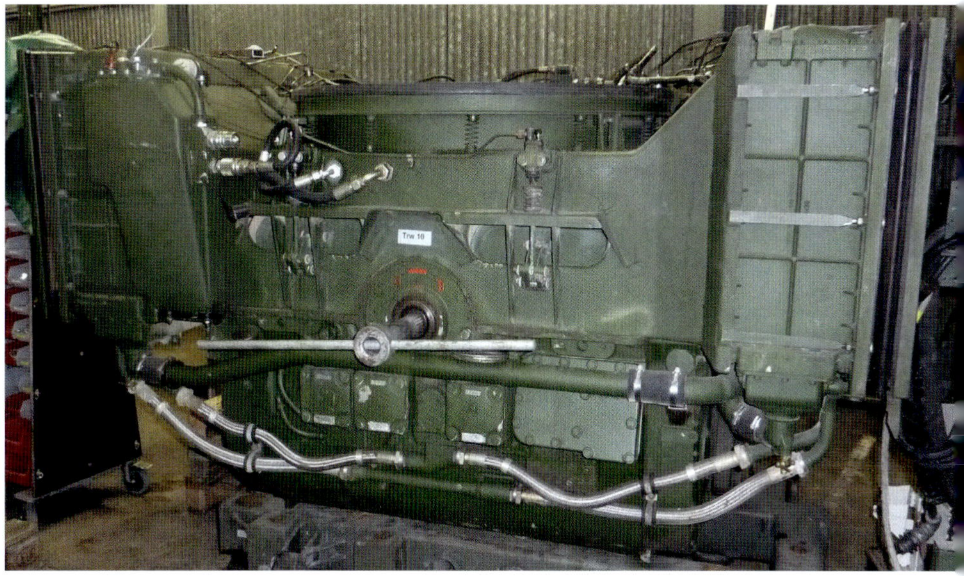

Hydraulische Kupplung des Lüfterrades (Schnittmodell): Eine gelungene Konstruktion stellt die hydrodynamische Kupplung zum Antrieb des Lüfterrades dar. Die hydrodynamische Kupplung besteht aus zwei Gehäusehälften mit integrierten Schaufeln. Die untere Hälfte wird durch den Motor angetrieben – die obere Hälfte ist mit dem Lüfterrad verbunden. Bei kaltem Motor befindet sich kein Öl in dem Kupplungsgehäuse – damit wird auch kein Drehmoment auf das Lüfterrad übertragen. Mit zunehmender Kühlmitteltemperatur wird über einen Thermostaten die Ölfüllung in der Kupplung gesteuert – bis die Kupplung bei höchster Füllmenge ihren Auslegungspunkt erreicht und bei ca. 3 % Schlupf eine Leistung von ca. 70 kW (2760 Upm) überträgt. Durch die hydraulische Verbindung werden die Elemente des Lüfterantriebes durch etwaige Schaltstöße im Getriebe nicht belastet – zudem ist eine problemlose, temperaturabhängige Regelung der Lüfterdrehzahl möglich.

Getriebe

Nach sorgfältigen Voruntersuchungen während der Erprobung wurde für den KPz Leopard 1 das Getriebe 4 HP 250 von Fa. Zahnradfabrik Friedrichshafen (ZF) ausgewählt. Es besteht aus einem Schaltgetriebe in Planetenbauweise mit vorgeschaltetem hydraulischen Drehmomentwandler und einem mechanischen 2-Radien-Überlagerungslenkgetriebe. Das Schaltgetriebe mit vier Gängen hat die Aufgabe, Motordrehzahl und -drehmoment den jeweiligen Straßen- und Geländeverhältnissen anzupassen; es ermöglicht das Anfahren und das Fahren mit Höchstgeschwindigkeit. Das sogenannte Wendegetriebe ermöglicht die Vorwärts- und Rückwärtsfahrt. Diese Getriebebauart würde es prinzipiell erlauben, genau so schnell vorwärts wie rückwärts zu fahren. Aus Sicherheitsgründen können jedoch nur zwei Rückwärtsgänge geschaltet werden; die Höchstgeschwindigkeit bei der Rückwärtsfahrt beträgt ca. 25 km/h.

Für die Kurvenfahrt eines Kettenfahrzeugs muss zwischen den beiden Ketten eine Drehzahldifferenz erzeugt werden: das kurveninnere Triebrad muss langsamer drehen als das kurvenäußere Triebrad. Diese Drehzahldifferenz wird bei Kurvenfahrt im Lenkgetriebeteil erzeugt. Das im KPz Leopard 1 verwendete Getriebe zeigt bei Kurvenfahrt einen Differenzialeffekt – d. h. der Betrag, um den die Umdrehungszahl des kurveninneren Triebrades reduziert wird, führt in gleicher Weise zu einer Erhöhung der Drehzahl um den gleichen Betrag am kurvenäußeren Triebrad. Die Lenkung erfolgt regenerativ – d. h. die zum Befahren von engen Radien am kurveninneren Triebrad erforderliche Bremsleistung wird nicht in Wärme oder Bremsbelagverschleiß umgewandelt, sondern als zusätzliche Antriebsleistung dem kurvenäußeren Triebrad wieder zugeführt. Damit werden Lenkverluste und ein damit verbundener Geschwindigkeitsabfall bei Kurvenfahrt weitestgehend vermieden.

Getriebe Außenansicht.

Das Schaltgetriebe besteht aus einer Schaltwalze mit vier hintereinander geschalteten Planetensätzen. Das Schalten der einzelnen Gänge erfolgt jeweils durch Festbremsen oder Lösen des Hohlrades in dem jeweiligen Planetengetriebe. Die Schaltsignale werden vom Gangwahlhebel am Fahrerplatz elektrisch zu den entsprechenden Magnetventilen im Getriebe übertragen. Die Magnetventile steuern den Ölfluss zu den Lamellenkupplungen im Schaltgetriebe. Durch die Bauweise des Schaltgetriebes und die Art der Schaltung entfällt ein Kupplungspedal. Die Schaltung der einzelnen Gänge erfolgt auch ohne Zugkraftunterbrechung, was sich z. B. beim Befahren von Steigungen als sehr vorteilhaft erweist. Der vor dem Schaltgetriebe angeordnete Drehmomentwandler erhöht im Anfahrpunkt das Motordrehmoment um den Faktor 2,8. Mit dieser Zugkraftreserve kann der KPz Leopard 1 (bei günstigen Bodenverhältnissen) Steigungen bis zu 80 % befahren. Bei schneller Straßenfahrt kann der Wandler durch eine Lamellenkupplung mechanisch überbrückt werden, sodass in dieser Betriebsweise die üblichen Wandlerverluste vermieden werden. Bei Straßenfahrt wird die Wandler-Überbrückungskupplung lediglich kurzzeitig zum Schalten geöffnet, um Schaltstöße zu vermeiden. Bei Ausfall des Bordnetzes können die Magnetventile für den 2. Gang, Vorwärtsfahrt, Wandlerbetrieb über eine Notschaltung mechanisch direkt betätigt werden. Die Betätigung des Lenksteuerventils im Getriebe erfolgt vom Fahrerplatz aufgrund zulassungsrechtlicher Vorgaben ebenfalls mechanisch über ein Gestänge.

Bei dem im KPz Leopard 1 verwendeten Überlagerungs-Lenkgetriebe geht der Leistungsfluss vom Motor kommend bei Geradeausfahrt durch den Schaltgetriebeteil und beim Wenden um die Hochachse durch das Lenkgetriebe. Bei Kurvenfahrt geht der Leistungsfluss sowohl durch das Schaltwie auch durch das Lenkgetriebe. Die beiden Leistungsflüsse werden dann in den sogenannten Summierungsgetrieben wieder zusammengeführt und an die Seitenvorgelege und die Triebräder weiter geleitet. Das Überlagerungs-Lenkgetriebe weist die Eigenart auf, dass die minimal fahrbaren Kurvenradien gangabhängig sind. Das heißt, dass im 4. Gang der kleinste noch fahrbare Kurvenradius 22 m beträgt, während im 1. Gang eine Kurve bis herab zu einem Kurvenradius von 4,8 m befahren werden kann. Vor engeren Kurven ist also zwingend ein Herunterschalten erforderlich – diese Eigenart des Schalt- und Lenkgetriebes stellt verständlicherweise einen wichtigen Schwerpunkt in der Fahrschulausbildung dar. Das Überlagerungs-Lenkgetriebe ermöglicht auch ein Wenden des Fahrzeugs um die Hochachse.

Bei dem Lenkgetriebe des KPz Leopard 1 handelt es sich um ein mechanisches 2-Radien-Überlagerungslenkgetriebe, welches ein sicheres Fahren und Lenken auf der Straße bei hohen Geschwindigkeiten ermöglicht und im Gelände beim Befahren von kleinen Radien zu einer ausreichend hohen Beweglichkeit und Wendigkeit führt. Das Funktionsprinzip dieser Lenkgetriebebauart wurde erstmals bei den PzKpfWg Tiger I und Königstiger angewendet.

Getriebe Räderaufbau.

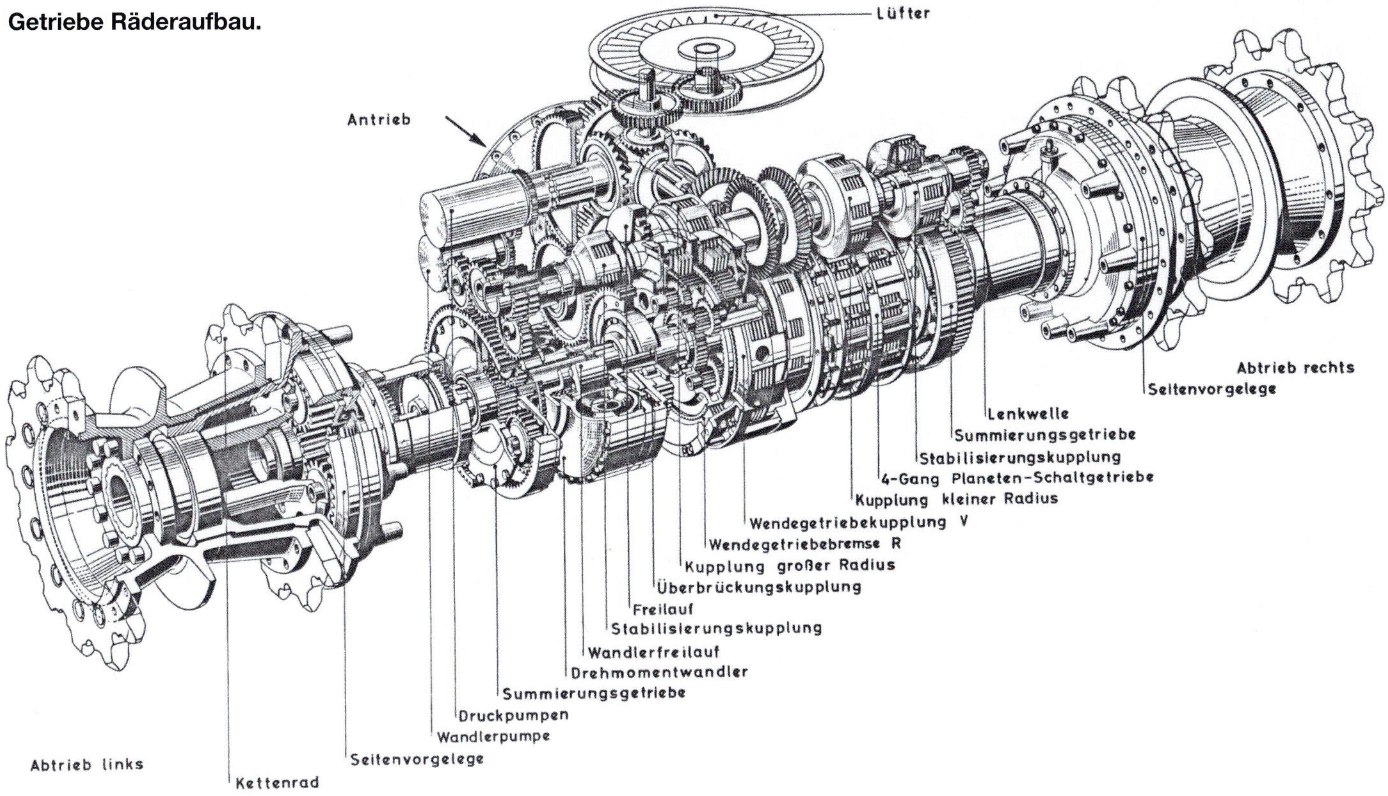

Schema eines Getriebes.

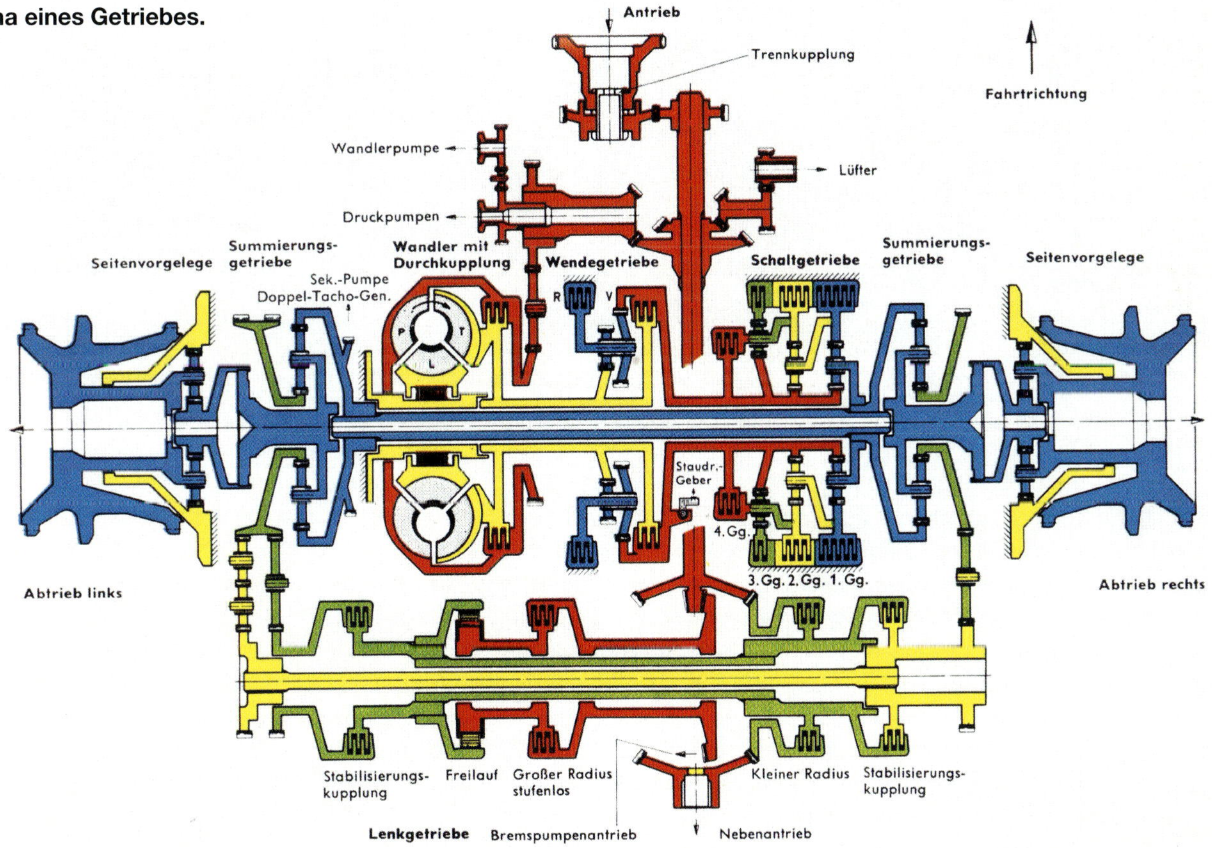

Drehmomentwandler (Schnittmodell): Das Bild zeigt ein Schnittmodell des Drehmomentwandlers aus dem Getriebe 4 HP 250 des KPz Leopard 1. Das Drehmoment des Motors wird durch das auf der linken Seite befindliche Zahnrad auf die Überbrückungskupplung und gleichzeitig auf das in der rechten Hälfte des Wandlers befindliche Pumpenrad (rote Gehäuseteile) übertragen. Steigert sich die Drehzahl des Pumpenrades, so wird das im Drehmomentwandler befindliche Öl durch die Fliehkräfte in Rotation versetzt und fließt somit vom Pumpenrad in das links daneben befindliche Turbinenrad (grüne Gehäuseteile). Gleichzeitig wird durch die kinetische Energie des Öles ein Drehmoment auf die Schaufeln des Turbinenrades übertragen. Durch das zwischen den beiden Rädern befindliche Leitrad (graue Gehäuseteile) wird ein Stützmoment im Turbinenrad erzeugt, damit kann im Anfahrpunkt eine Drehmomentüberhöhung um den Faktor 2,8 erreicht werden. Auf der Zentralwelle des Drehmomentwandlers sind am unteren Rand zwei Rollen des Freilaufes ersichtlich. Das Leitrad ist auf diesem Freilauf gelagert und kann bei Erreichen des sogenannten »Kupplungspunktes« frei mit drehen – damit wird in diesem Zustand auch kein Stützmoment mehr erzeugt. Steigert sich die Geschwindigkeit des Panzers, so verringert sich der Schlupf zwischen Pumpen- und Turbinenrad. In dieser Phase wird der Drehmomentwandler nicht mehr benötigt. Da der verbleibende Schlupf von 3–5 % als Verlust zu verbuchen ist (mit einem entsprechenden Kraftstoffverbrauch), wird dann der Wandler durch Schließen der Überbrückungskupplung vollständig überbrückt.

Typ	4 HP 250
Drehmomentwandler Art	Trilok-Wandler mit Überbrückungskuppl.
Schaltgetriebe Art	4-Gang-Getriebe in Planetenbauweise
Lenkgetriebe Art	2-Radien-Überlagerungslenkgetriebe
Masse (trocken) mit Lüfter	1875 kg
Anzahl Vorwärtsgänge	4
Anzahl Rückwärtsgänge	2
Ölmenge bei Erstbefüllung	105 l
max. Lüfterantriebsleistung	71 kW
max. Lüfterdrehzahl	2820 Upm

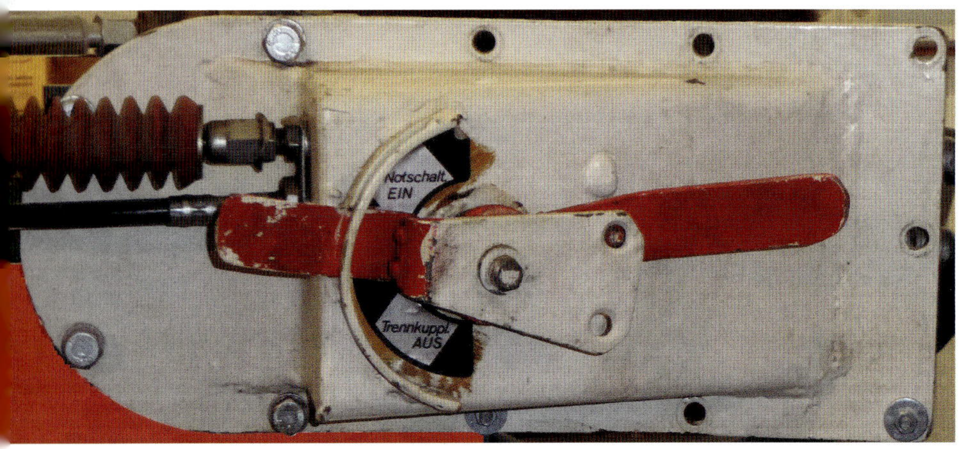

Hebel für Notschaltung und Trennkupplung. An der rechten Wannenseitenwand befindet sich im Kampfraum der Hebel für die Notschaltung und die Trennkupplung. Durch die Notschaltung können die Magnetventile im Getriebe für das Öffnen der Wandler-Überbrückungskupplung sowie zur Betätigung des 2. Ganges im Vorwärtsbetrieb geschaltet werden. Damit kann auch bei Ausfall der elektrischen Getriebesteuerung das Fahrzeug bewegt werden.

Die Trennkupplung zwischen Motor und Getriebe wird z. B. beim Start des Motors bei sehr niedrigen Umgebungstemperaturen manuell geöffnet. Nach Vorwärmen des Motoröles kann dann der Motor gestartet werden – ohne dass dieser in dieser schwierigen Phase zugleich diverse (schwergängige) Elemente im Getriebe ebenfalls in Umdrehung versetzen muss. Nach Erreichen der Betriebstemperatur wird der Motor kurz abgestellt und die Trennkupplung manuell geschlossen. Dann erfolgt erneut ein Motorstart – nunmehr mit angeflanschtem Getriebe.

Triebwerksblock

Motor, Getriebe und Kühlanlage sind beim KPz Leopard 1 zu einem Triebwerksblock zusammengefasst. Der gesamte Triebwerksblock wiegt ca. 4,7 to und erfordert zum Ein-/Ausbau eine spezielle Traverse sowie einen Kran mit entsprechender Tragfähigkeit. Das Getriebe ist quer zum Motor angeordnet (»T-Anordnung«), und entspricht damit der von den US-Kampfpanzern her bekannten Bauweise (»cross-drive«). Der Triebwerksblock ist auf dem Wannenboden vierfach elastisch gelagert. Alle elektrischen Verbindungen, Kupplungen zur Kraftstoff- und Bremsanlage sowie an den mechanischen Betätigungselementen sind gut zugänglich und schnell trennbar, sodass für den Ausbau des Triebwerksblocks lediglich ca. 15 Minuten benötigt werden. Die Lagerung des Triebwerksblocks außerhalb der Wanne erfolgt in einem speziellen Lagerbock. Mit einem sogenannten »Standlauf-Geschirr« können auch im ausgebauten Zustand die für einen Standlauf notwendigen Verbindungen zu den wannenseitigen Schnittstellen wieder hergestellt werden. In diesem Zustand kann der Triebwerksblock z. B. auf Undichtigkeiten untersucht werden oder es können die Schaltdrücke an den Steuerleitungen im Getriebe kontrolliert werden.
Bei dem Bergepanzer Standard (Bergepanzer 2) ist die Krananlage so ausgelegt, dass mit einem kompletten Triebwerk des KPz Leopard 1 am Haken die üblichen Hallentore durchfahren werden können. Dies war mit den älteren US-Bergepanzern M 74 und M 88 nicht möglich.

Abgasanlage / Schalldämpfer: Der KPz Leopard 1 ist einer der wenigen KPz, der über einen Abgas-Schalldämpfer verfügt. Die Konstruktion der Abgasanlage war nicht unproblematisch und wurde im Laufe der Entwicklung der Prototypen bzw. der Vorserienfahrzeuge mehrfach geändert. Ein Problem war das Aufreißen der Längs-Schweißnähte des geteilten Auspufftopfes – hervorgerufen durch den pulsierenden Druck der Abgase aus dem Motor. Weiterhin durfte durch den Schalldämpfer der Abgasgegendruck über ein bestimmtes Maß hinaus nicht erhöht werden. Schließlich entstand durch die Beimischung der Abgase ein größeres Durchströmvolumen durch das Gräting (zusätzlich zur Kühlluft), welches letztlich die Durchströmfläche für die Kühlanlage verkleinerte und eine höhere Lüfterleistung erforderte. Um die Störung des Kühlluftstromes zu minimieren, wurden bei der Serienversion auf der Ober- und Unterseite des Schalldämpfers schließlich kleine Hutzen aufgeschweißt, durch die eine Ejektorwirkung für den Kühlluftstrom erreicht wurde.

Bremsanlage

Von einem modernen Kampfpanzer wird nicht nur ein gutes Beschleunigungsvermögen für den sogenannten »Sprung aus der Deckung« beim Stellungswechsel gefordert – er benötigt auch leistungsfähige und zuverlässige Bremsen. Trotz des hohen Fahrzeuggewichtes müssen z. B. alle gesetzlichen Vorgaben erfüllt werden. Hierbei stellt der sogenannte »Heiß-Bremstest« eine besondere Herausforderung für die Bremsanlage dar; bei dieser Testreihe muss das Fahrzeug mehrmals in kurzer Zeit aus der Höchstgeschwindigkeit abgebremst werden. Anzumerken ist, dass die Bremsen nicht nur die translatorische Masse des Fahrzeugs verzögern müssen, sondern auch die rotatorische Masse der beiden Ketten sowie der Kraftübertragungselemente abbremsen müssen.

Die Bremsanlage des KPz Leopard 1 besteht aus zwei innenbelüfteten Scheibenbremsen. Als Betriebsbremse wirken auf jede der beiden Scheiben jeweils acht hydraulisch betätigte Bremskolben. Als Feststellbremse wirkt auf die gleiche Bremsscheibe jeweils ein mechanisch betätigter Zangenkörper. Die Bremsen sind an der Innenseite des Seitenvorgeleges befestigt und verbleiben beim Ausbau des Triebwerks im Fahrzeug. Die Betätigung der Betriebsbremse erfolgt durch das Bremspedal am Fahrerplatz. Über einen hydraulischen Steuerkreis wird ein an der Heckwand des Fahrzeugs befindliches Servoventil betätigt, welches – je nach Bremspedalstellung – den Druck aus dem Bremskreis auf die Kolben frei gibt. Der maximale Betriebsdruck im Hauptkreis beträgt 135 bar. Bei optimalen Bodenverhältnissen kann eine Verzögerung von bis zu 8 m/sec^2 erreicht werden. Die Zangenkörper der Feststellbremse werden ebenfalls vom Fahrerplatz durch Anziehen der Bremshebel über mechanische Seilzüge betätigt.

Seitenvorgelege und Triebrad

Triebrad und Seitenvorgelege (Endantrieb) liegen am Ende der Kraftübertragungskette. Wie im Schwerfahrzeugbau üblich, so wird auch beim KPz Leopard 1 die Antriebsleistung im Getriebe auf einem relativ hohen Drehzahlniveau übertragen, während das dazugehörige Antriebsmoment auf relativ niedrigem Niveau gehalten wird. Damit können die kraftübertragenden Bauteile kleiner und leichter ausgelegt werden. Erst kurz vor den Triebrädern wird das Drehzahlniveau durch ein Untersetzungsgetriebe (hier: Seitenvorgelege) reduziert und das korrespondierende Antriebsmoment erhöht, um die notwendige Zugkraft zu erreichen. Das Seitenvorgelege beim KPz Leopard 1 besteht aus einem Planetensatz mit einem Untersetzungsverhältnis von 3,8 : 1. Die Triebradtrommel wird direkt vom Planetenradträger (Steg) angetrieben. An jeder Triebradtrommel sind zwei Zahnkränze angeschraubt; die Zahnkränze greifen in die Zwischenräume der Endverbinder der Gleisketten. Beim Anfahren wird am Triebrad ein Drehmoment von bis zu 10.500 Nm erreicht; bei Höchstgeschwindigkeit beträgt die Drehzahl eines Triebrades ca. 525 Upm. Die großen Kräfte und Drehmomente erfordern eine robuste Lagerung der Triebradtrommel sowie entsprechende Verstärkungen und Verrippungen an der Innenseite der Wanne im Bereich des Seitenvorgeleges. Zum Ausbau des Triebwerks muss die Verbindung zwischen Getriebeausgang und Seitenvorgelege gelöst werden. Dies erfolgt beim KPz Leopard 1 in eleganter Weise durch Einziehen einer innenverzahnten Schiebemuffe in den Bremskörper.

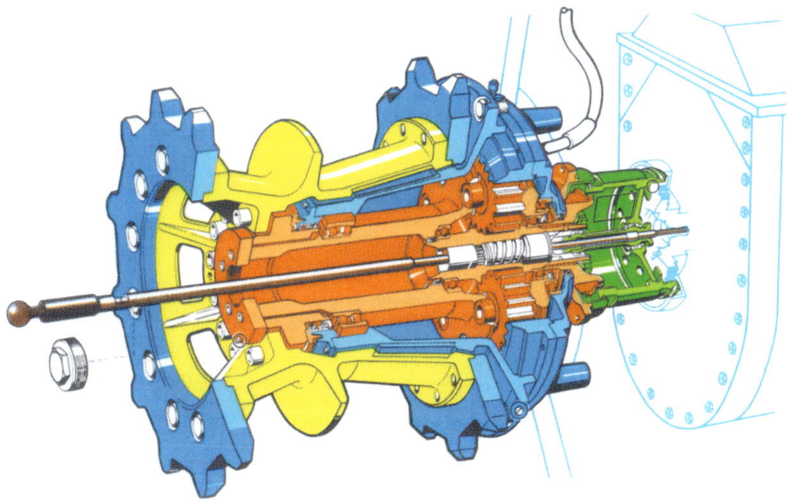

Triebrad des KPz Leopard 1: Bei den Prototypen bestand die Triebradtrommel noch aus verschweißten Stahlteilen; für die Serienversion wurde aus Kostengründen die Triebradtrommel aus Stahlguss gefertigt. Ab den Prototypen der zweiten Generation erhielt die Triebradtrommel Durchbrüche, um eine Selbstreinigung zu ermöglichen. Die beiden Zahnkränze sind mit der Triebradtrommel verschraubt, um ein Auswechseln zu ermöglichen. Im Laufe der Entwicklung wurde die Form der Zahnkränze mehrfach geändert, um das Einlaufen der Endverbinder zu optimieren und ein Aufklettern der Kette möglichst zu vermeiden. Insbesondere bei Betrieb des Fahrzeugs auf sandhaltigen Böden (Lüneburger Heide, Fraulautern usw.) unterliegen die Zahnkränze einem hohen Verschleiß. Auf dem Bild sind an drei Zähnen jeweils zwei kleine Bohrungen erkennbar. Hierbei handelt es sich um Verschleißmarken. Bis zu den Bohrungen können die Zahnflanken abgefahren werden. Danach müssen die Triebräder der beiden Seiten gewechselt werden, damit die andere Seite der Zähne belastet wird.

Beweglichkeitsbestimmende Komponenten / Fahrwerk

Laufwerk vollständig

Das Laufwerk des KPz Leopard 1 besteht pro Seite aus sieben drehstabgefederten Laufrollen, vier Stützrollen, einem Leitrad sowie einem Triebrad. Die drei vorderen sowie die beiden hinteren Laufrollenstationen verfügen jeweils über einen hydraulischen Teleskop-Schwingungsdämpfer, um bei schneller Fahrt im Gelände die aufkommenden Nickschwingungen zu begrenzen. An jeder Laufrollenstation ist eine Kegelstumpffeder zur Begrenzung des Einfederweges und zum Schutz der Drehstäbe angeordnet. Aus logistischen Gründen ist das Leitrad identisch mit den Laufrollen – der damit notwendige fahrdynamische Kompromiss wurde in Kauf genommen.
Das Leitrad ist an einer Kurbelschwinge in der Bugspitze gelagert und kann in seiner Position zur Einstellung der Kettenspannung über einen mechanischen Kettenspanner verstellt werden.
Die vier Stützrollen tragen den oberen Kettentrumm; sie sind versetzt zueinander angeordnet und tragen wechselweise die innere oder äußere Kettenhälfte. Durch diese Anordnung soll beim Kettenpeitschen die Torsionselastizität der Gleiskette ausgenutzt werden, um zu hohe Belastungsspitzen auf die Stützrollen zu vermeiden.
Alle Naben von Lauf- und Stützrollen sind mit Motoröl gefüllt und wartungsfrei. Durch die Drehstabfederung ergibt sich ein konstruktiv bedingter Versatz zwischen den Laufrollen der rechten und linken Seite von 337 mm – dies ist aus fahrdynamischer Sicht jedoch ohne Belang.
Im Vergleich zu einem Radfahrzeug weist das Kettenfahrwerk einen relativ großen Innenwiderstand auf. Allein zur Bewegung der Laufwerksteile ist pro Seite eine Kraft von 8,4 kN = 855 kp erforderlich. Beim Fahren mit Höchstgeschwindigkeit sind allein 530 kW (390 PS) zur Überwindung der Getriebe- und Laufwerkswiderstände erforderlich!

Laufwerksarbeiten an einem KPz Leopard 1: Aufgrund der hohen Gewichte der Bauteile sind Arbeiten am Laufwerk bei den Besatzungen äußerst unbeliebt. Die Krönung stellt dabei der Wechsel von Kettenpolstern dar, wenn die beiden Ketten geöffnet und abgelegt werden müssen und sodann pro Fahrzeug 336 verschlissene Kettenpolster ausgetauscht werden müssen. Auf dem Bild wurde das Triebrad demontiert, so dass offenbar ein Austausch mit dem Triebrad der anderen Laufwerksseite vorgesehen ist. Das Bild entstand im Jahr 1968 in der Hessen-Kaserne (Stadt Allendorf); das Fahrzeug gehört zum PzBtl 64.

KPz Leopard 1 im Schlamm: Auf dem Geländeparcours der Wehrtechnischen Dienststelle 41 (WTD 41) in Trier werden häufig Mensch und Technik bis an deren Grenzen belastet. Das Bild zeigt einen KPz Leopard 1 nach dem mehrmaligen Durchfahren der Schlammstrecke auf dem Grüneberg. Alle Laufwerksteile sind völlig verschlammt und verschmutzt – dennoch müssen alle Lagerstellen der Lauf- und Stützrollen sorgfältig abgedichtet sein! Ebenso muss die Selbstreinigung des Laufwerks (inkl. Triebrad) funktionieren, um eine einwandfreie Kettenführung zu erhalten. Schließlich müssen in solchen Situationen auch Themen wie: Reinigung der Sichtmittel/Winkelspiegel bzw. Freihalten von Luftansaugöffnungen (Brennluft für den Motor) beachtet werden.

Wannengehäuse

Die Wanne des KPz Leopard 1 ist aus gewalzten Panzerstahlblechen unterschiedlicher Stärke zusammengeschweißt. Um Lunkerstellen im Schweißgut zu verhindern und eine einwandfreie Verbindung der verschweißten Platten sicherzustellen, erfolgt das Schweißen des Wannengehäuses in großen Drehständen. Damit können sogenannte »Überkopf-Nähte« vermieden werden.

Durch Schrägstellung der Platten im Front- und Seitenbereich wird eine Vergrößerung der Durchgangsstrecken erreicht. So weist die obere Bugplatte eine Stärke von 70 mm auf – bei horizontalem Beschuss ergibt sich aufgrund der Neigung auf 30 Grad damit eine Durchgangsstrecke von 140 mm. Die Fahrerluke ist durch ihre Lage gegen einen horizontalen Beschuss geschützt. Der Beschuss der Turmfuge kann auch bei kleinkalibriger Munition zum Verklemmen des Turmes führen. Daher wurden ab dem zweiten Los als Turmfugenschutz acht Segmente aus Panzerstahlguss im vorderen und seitlichen Bereich des Turmes auf das Wannendach aufgeschweißt; eine Nachrüstung bei älteren Fahrzeugen erfolgte nicht.

Die Wanne ist durch eine Schottwand in den Kampf- und Triebwerksraum unterteilt. Zur Gewährleistung des ABC-Schutzes kann nach Montage aller Klappen und Teile an der Schottwand eine hermetische (gas- und wasserdichte) Abdichtung zum Motorraum hin erreicht werden. Im Bereich des Kampfraumes weist das Wannendach eine lichte Öffnung von 2200 mm zur Aufnahme der Drehkranzarge auf. Auch der hintere Teil des Wannendaches weist im Bereich des Triebwerkraums eine große Öffnung für den Ein- und Ausbau des Triebwerkes auf. Durch diese großen Öffnungen wird die Torsionssteifigkeit des Wannengehäuses in Längsrichtung erheblich reduziert. Das Rohgewicht des Wannengehäuses beträgt 11,12 to.

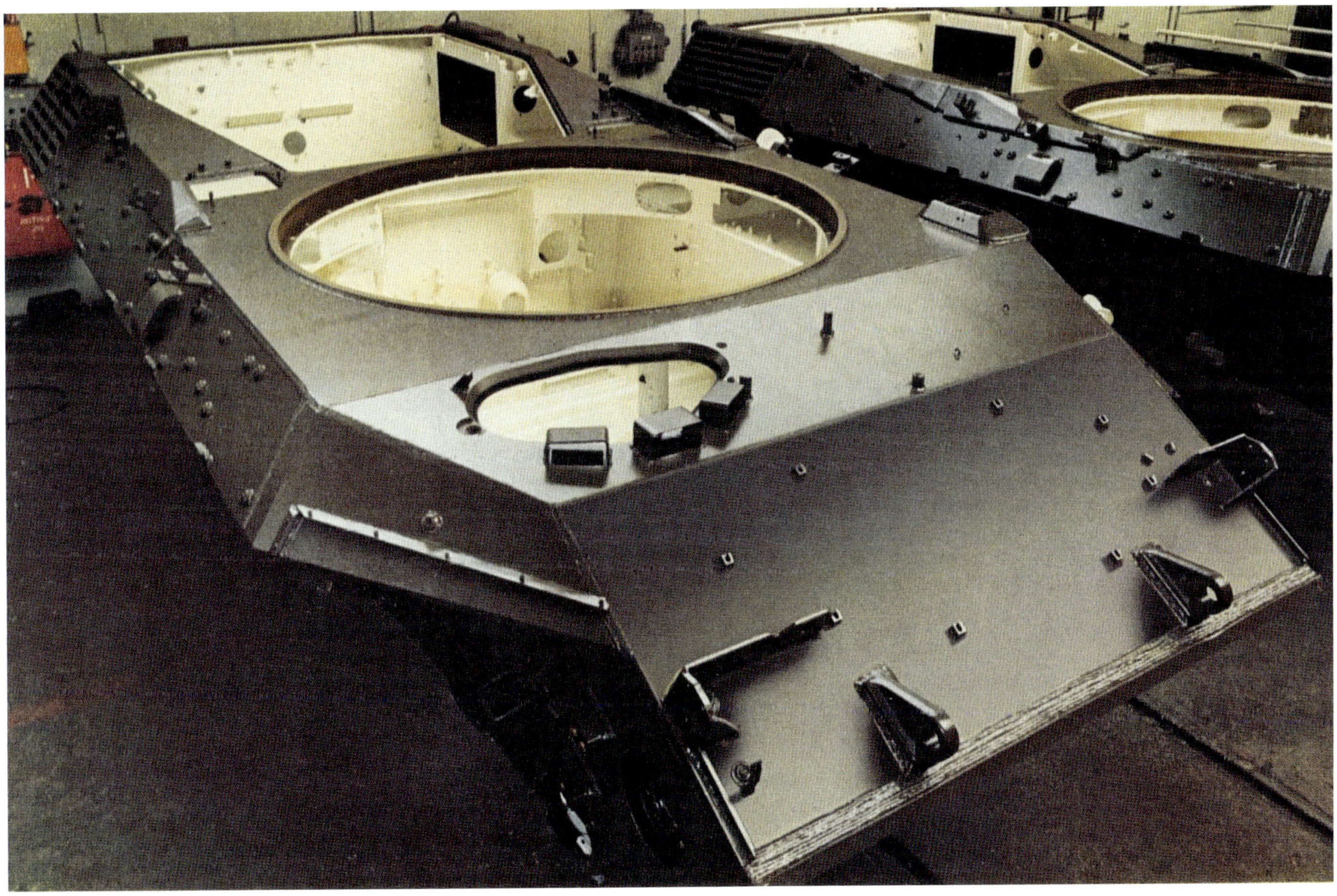

Wannengehäuse / Turmfugenschutz: Bei der Gestaltung von Turm- und Wannengehäuse können in Einzelfällen Kleinigkeiten in der konstruktiven Ausführung über Bestehen oder Versagen gegenüber einer Bedrohung entscheiden. Ein Detailaspekt ist der Schutz der Turmfuge gegenüber dem Beschuss mit kleinkalibriger Munition. Ohne einen derartigen Schutz kann der Beschuss aus kleinkalibrigen Maschinenwaffen zu einem Verklemmen des Turmes führen. Bei vielen Panzerfahrzeugen der ehem. Deutschen Wehrmacht sowie bei russischen KPz wurden derartige Schutzelemente berücksichtigt. Bei dem KPz Leopard 1 wurde anfänglich der Turmfugenschutz vergessen – erst bei Fahrzeugen ab dem zweiten Baulos wurden Elemente des Turmfugenschutzes aufgeschweißt.

Grätings sind Gehäuseelemente, die einerseits einen Luftdurchsatz ermöglichen, andererseits aber auch einen gewissen ballistischen Schutz bieten. Grätings werden als Lufteinlässe für die Motor-Brennluft, für die Kühlluft sowie bei der ABC-Schutzbelüftungsanlage und ggf. bei der Triebwerksraumbelüftung eingesetzt. Als Luftauslässe kommen sie bei der Kühlluft, bei der Abgasanlage; bei der Triebwerksraumentlüftung und bei Öffnungen für den Staubaustritt bei ABC-Schutzbelüftungsanlagen sowie den Luftfiltern in Frage. Bei der Gestaltung der Grätinglamellen muss ein Kompromiss gefunden werden bezüglich Druckverlustbeiwert und Schutzniveau. Die Grätingfläche soll das gleiche Schutzniveau wie die benachbarten Gehäuseflächen aufweisen. Das Bild zeigt einen Querschnitt durch das Abluft-/Abgasgräting des KPz Leopard 1 (gegossene Ausführung).

Turmgehäuse

Obgleich bereits im Zweiten Weltkrieg deutsche Panzerkampfwagen geschweißte Türme aufwiesen, entschied man sich zu Beginn der Leopard 1-Entwicklung für einen Gussturm. Die Gusstechnologie bot den Vorteil der relativ freizügigen Formgebung und der kontinuierlichen Änderung der Wandstärken. Auch konnte nach Erstellung der Gussformen eine relativ hohe Produktionsrate erzielt werden. Dies waren sicherlich die Gründe, warum auch amerikanische, britische und russische Kampfpanzer dieser Epoche Gusstürme erhielten. Allerdings wies der damals verfügbare Panzerstahlguss eine geringere Schutzleistung als gewalzte Stahlplatten gleicher Stärke auf.

Die Herstellung des einteiligen Gussturmes erforderte eine Ober- und Unterform. Wegen des Hinterschnittes im Bereich der Heckauslage musste ein Kern zwischen die beiden Gießformen eingelegt werden. Die Heckauslage des Turmes diente als Gewichtsausgleich für die massivere Frontpanzerung. Dadurch konnte der Schwerpunkt des Turmes in den Bereich der Hochachse verlagert werden, was sich insbesondere für die Stabilisierung als günstig erweist. Im Bereich des Turmdaches wies der Gussturm eine große Öffnung auf, die im Laufe des Fertigungsprozesses durch ein eingeschweißtes Panzerstahlblech verschlossen wurde. In dem Panzerstahlblech wurden alle mechanischen Bearbeitungen zur Aufnahme der beiden Luken inkl. Winkelspiegel vorgenommen. Das Rohgewicht des Gussturmes betrug ca. 6 to.

Anfang der 1970er Jahre konnte durch Verbesserungen bei der Schweißtechnologie die Beschussfestigkeit der Nähte verbessert werden, sodass man sich für die Fahrzeuge des 5. und 6. Loses für einen Schweißturm entschied. Hierbei wurde zugleich das Prinzip der Schottpanzerung verwirklicht, die bei gleichem Flächengewicht einen tendenziell besseren Panzerschutz bot.

Blendenabdichtung: Für den äußeren Betrachter nicht sichtbar ist die Blendenabdichtung, welche die Öffnung zwischen der Wiegenwalze und dem Turmgehäuse gas- und wasserdicht verschließt. Die Dichtung liegt einerseits als Kunststoffplatte zwischen der Wiegenwalze und der Blende und wird andererseits über einen Metall-Rahmen mit einer Vielzahl von kleineren Schrauben am Turmmaul befestigt. Um die Höhenrichtbarkeit der Hauptwaffe zu berücksichtigen, sorgt diesen beiden Elementen ein Faltenbalg für die notwendige Freigängigkeit. Das Bild zeigt die Kunststoffplatte auf der Wiegenwalze und den Befestigungsrahmen (Metall) am Turmmaul. Zwischen der Kunststoffplatte und dem Befestigungsrahmen befindet sich der graue Faltenbalg.

An dem Schnittmodell eines Vorserienfahrzeugs sieht man die Überlappung der Elemente des Turmmaules und der Blende, um über den gesamten Höhenrichtbereich der Hauptwaffe den notwendigen ballistischen Schutz sicher zu stellen. Die Blendenabdichtung zwischen Wiegenwalze und dem Turmmaul ist bei dem Schnittmodell weggelassen worden. Auf dem Bild ist im unteren Bereich der Wiegenwalze eine der vier Dehnschrauben erkennbar, mit denen die Blende an der Wiegenwalze befestigt ist.

Laufwerksschürzen (Kettenschürzen)

Obwohl Laufwerksschürzen aufgrund ihrer schutzsteigernden Wirkung bereits bei Panzerkampfwagen im 2. Weltkrieg eingesetzt wurden und auch der KPz Centurion in den 1950er Jahren über Laufwerksschürzen verfügte, wurden die ersten Lose des KPz Leopard 1 ohne Laufwerksschürzen ausgeliefert. Vielleicht waren die Behinderung der Selbstreinigung des Laufwerks oder der erschwerte Zugang zum Laufwerk bei Wartungsarbeiten (z. B. Spannen der Kette) mögliche Gründe für diese Entscheidung. Anfang der 1970er Jahre konnten jedoch die Fahrzeuge des 5. Bauloses (Version Leopard 1 A2) mit den zwischenzeitlich erprobten Laufwerksschürzen ausgeliefert werden. Auch die Fahrzeuge der ersten vier Baulose wurden ab 1972 u. a. mit Laufwerksschürzen nachgerüstet. Die Schürzen bestanden aus gummierten Elementen, in die Lochbleche aus hochhartem Panzerstahl eingelassen waren. Durch die Schürzenelemente wurde insbesondere der Schutz gegen Hohlladungs-Geschosse verbessert, da bei schrägem Auftreffen der Hohlladungsgefechtskopf durch die Schürze vorzeitig vor dem Auftreffen auf die Hauptpanzerung ausgelöst wurde und der Hohlladungsstachel bis zum Erreichen der Hauptpanzerung nicht mehr über die optimale Durchschlagsleistung verfügte. Auch gegenüber Wuchtmunition bis zu mittleren Kaliber wurde die Schutzwirkung durch die Schürzen verbessert, da die Lochstruktur der Panzerstahlbleche häufig zu einer Verformung bzw. Zerstörung sowie zu einer Destabilisierung der Geschosse führte.

Kettenschürze Skizze.

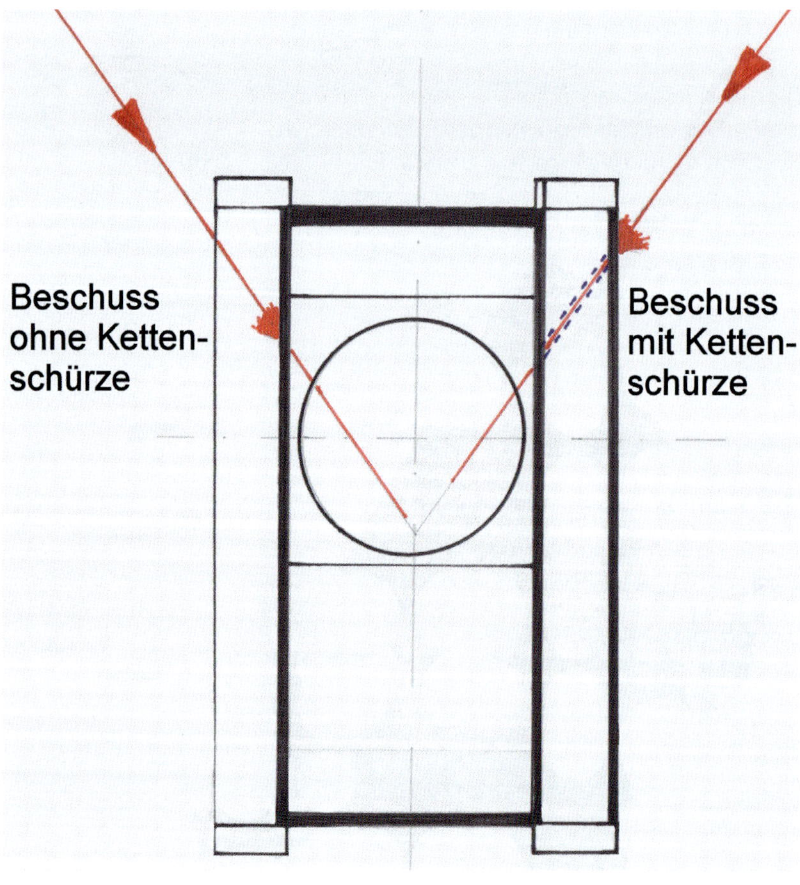

Kettenschürze.

Schockgedämpfte Turmzusatzpanzerung (Leopard 1 A1A1)

Die Fahrzeuge der ersten vier Baulose wurden ab 1975 mit einer Turmzusatzpanzerung nachgerüstet und als Leopard 1 A1A1 bezeichnet. Dabei wurden die Elemente der Zusatzpanzerung auf der Blende und den Turmseiten mit sogenannten »shock-mounts« am Grundgehäuse befestigt.
Selbst wenn Geschosse die Panzerung nicht durchschlagen, so geben sie beim Aufschlag ihre kinetische Energie an das Ziel ab. Dabei können bereits 20-mm-Geschosse Beschleunigungen bis zu 6000 g erzeugen. Ein Beschuss mit 40- bis 57-mm-Munition führt (auch ohne Durchschlag) häufig zu irreversiblen Schäden an optischen Geräten (Prismen lösen sich aus der Verkittung), oder erzeugen Dejustagen der optischen Geräte oder führen zu Schäden an Teilen der Bordelektrik (Sicherungskästen usw.).
Durch die schockgedämpfte Lagerung der äußeren Platten soll bei Beschuss verhindert werden, dass das Grundgehäuse eine Schockbelastung erfährt, bzw. es soll durch die gummielastische Lagerung eine Reduzierung der Schockwirkung im Grundgehäuse erreicht werden.

Turmzusatzpanzerung.

Shock-mounts.

Sonstige Komponenten und Anlagen

Belüftungs- und ABC-Schutzanlage

Die Belüftungs- und ABC-Schutzanlage versorgt den hermetisch abgedichteten Kampfraum mit gefilterter Luft und erzeugt im Kampfraum einen Überdruck von ca. 30 mm WS (Wassersäule). Der Überdruck stellt sicher, dass auch bei Undichtigkeiten in der Wanne (z. B. im Bereich des Turm-Drehkranzes oder der Drehstablagerungen) keine kontaminierte Außenluft in den Kampfraum eindringen kann. Das ABC-Filterteil befindet sich auf der linken Seite im Wannenbug. Darin befinden sich ein Schwebstofffilter für etwaige Aerosol-Bestandteile der Außenluft sowie vier Gasfilter. Die dem Filterteil zugeführte Außenluft wird zuvor in einem Zyklon-Grobstaubfilter vorgereinigt. Die Filterwirkung der ABC-Filter hält ca. 10 Stunden an. Beim Filterwechsel müssen die kontaminierten Filter durch den Kampfraum ins Freie transportiert werden. Dieser Nachteil wurde bei der Auslegung der ABC-Schutzbelüftungsanlage des KPz Leopard 2 vermieden. Vor dem Filterteil befindet sich ein vom Fahrer zu betätigender Umschalthahn. Damit kann bei Normalbelüftung des Kampfraumes das Filterteil umgangen werden.

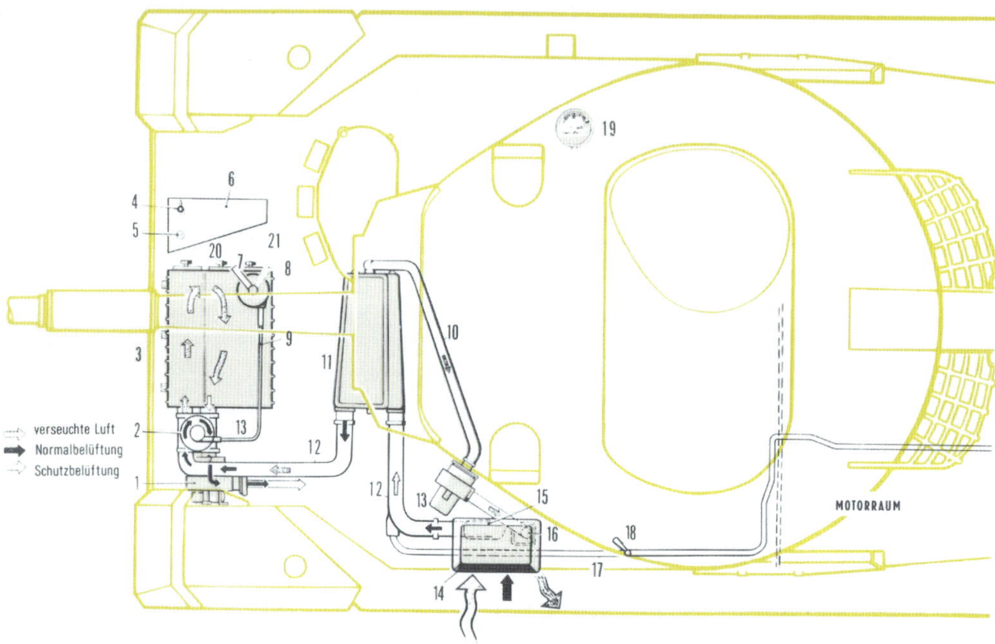

ABC-Schutzbelüftungsanlage: Das Bild zeigt die Lage der Belüftungs- und ABC-Schutzbelüftungsanlage auf der linken Seite im Wannenbug. In dem Gehäuse sind die beiden Wartungsöffnungen für die Gasfilter und die (runde) Wartungsöffnung für den Schwebstofffilter erkennbar. Auf dem Filtergehäuse ist der Umschalthebel für Normal-/ Schutzbelüftung platziert; er wird vom Fahrer auf Befehl des Kommandanten bedient. Links neben dem Filtergehäuse ist das Hauptgebläse erkennbar. Ab dem 5. Baulos kam eine sogenannte »Kompaktanlage« zum Einbau, die nur noch einen Schwebstofffilter enthielt. Nachteilig war, dass kontaminierte Filterelemente durch den Kampfraum über die Fahrerluke entsorgt werden mussten. Dieses Problem wurde beim KPz Leopard 2 vermieden.

Heizanlage

Die Heizanlage ist eine Fremdheizung, die in der rechten Kettenschulter im Bereich des Kampfraumes untergebracht ist; sie arbeitet unabhängig vom Motorbetrieb. In einer Brennkammer wird fein zerstäubter Dieselkraftstoff verbrannt. In einem Luft-Luft-Wärmetauscher erwärmen die heißen Abgase die aus dem Kampfraum abgesaugte Luft. Die Warmluft kann zur Erwärmung des Kampfraumes oder zum Vorwärmen der Batterien genutzt werden. Die Abgase werden vor dem Austritt ins Freie noch über einen Luft-Wasser-Wärmetauscher geführt. Bei sehr niedrigen Außentemperaturen kann zum Vorwärmen des Motors über eine Umwälzpumpe am Motor die Kühlflüssigkeit durch den Luft-Wasser-Wärmetauscher des Heizgerätes geleitet werden – parallel dazu werden in dieser Betriebsart über die Warmluft auch die Batterien angewärmt. Sowohl der Startvorgang wie auch der Abkühlvorgang nach dem Ausschalten des Heizgerätes erfolgen in einer automatischen Sequenz. Sicherheitsschaltungen sorgen bei Störungen bzw. Überhitzung für eine Unterbrechung des Betriebs. Bei hohen Außentemperaturen kann das Frischluftgebläse des Heizgerätes als Ventilator zur Umwälzung der Kampfraumluft genutzt werden.

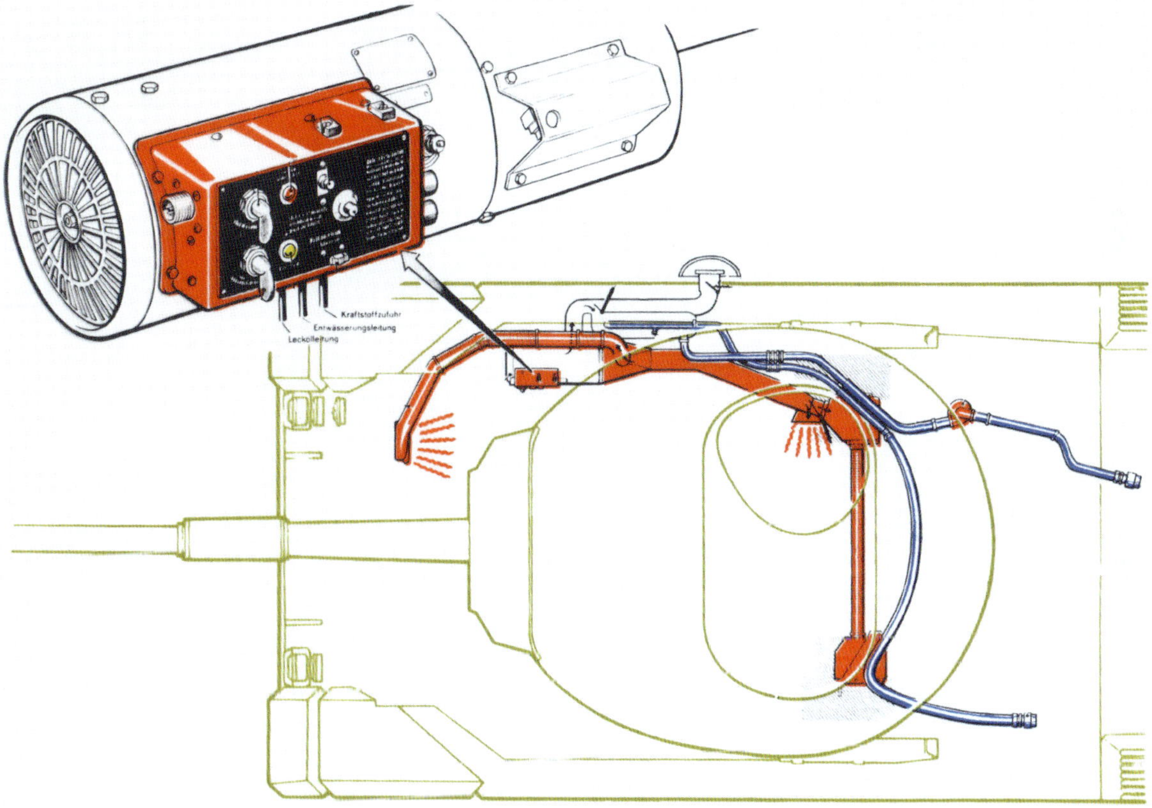

Tauchhydraulik

Die Tauchhydraulik hat die Aufgabe, die Ansaug- und Abgasklappen in der Wanne vor dem Tiefwaten bzw. vor einer Unterwasserfahrt zu schließen und anschließend wieder zu öffnen. Durch eine auf der Ladeschützenseite befindliche Handpumpe kann der zum Schließen der einzelnen Klappen erforderliche Druck von ca. 45 bar erzeugt werden. Nach Ablassen des Druckes werden die einzelnen Klappen durch Federn wieder geöffnet. Neben der Tauchhydraulik muss die Besatzung vor dem Tiefwaten bzw. der Unterwasserfahrt über eine manuell zu betätigende Luftpumpe einen in der Drehkranzzarge befindlichen Dichtungsschlauch auf ca. 2 bar aufpumpen. Mit dem Aufbau des Druckes in der Tauchhydraulik wird automatisch die hydraulische Richtanlage ausgeschaltet, damit die Ringdichtung in der Drehkranzzarge nicht durch ein Drehen des Turmes beschädigt wird. Während durch die Tauchhydraulik 16 Klappen geschlossen werden, muss die Besatzung vor dem Tiefwaten und der Unterwasserfahrt zwei Handlöcher in der Schottwand zum Triebwerksraum öffnen. Da die Luftansauggrätings der Luftfilter auf dem Wannendach durch die Tauchhydraulik geschlossen wurden, erhält der Motor die Brennluft in diesem Zustand über den Kampfraum bzw. die geöffnete Kommandantenluke (mit aufgesetztem Tiefwatschacht bzw. Unterwasserfahrschacht). Unabhängig von der Tauchhydraulik müssen vor dem Tiefwaten bzw. einer Unterwasserfahrt die Öffnungen für das Turm-MG und das Turmzielfernrohr in der Blende sowie die Mündung der Bordkanone durch die Besatzung verschlossen werden.

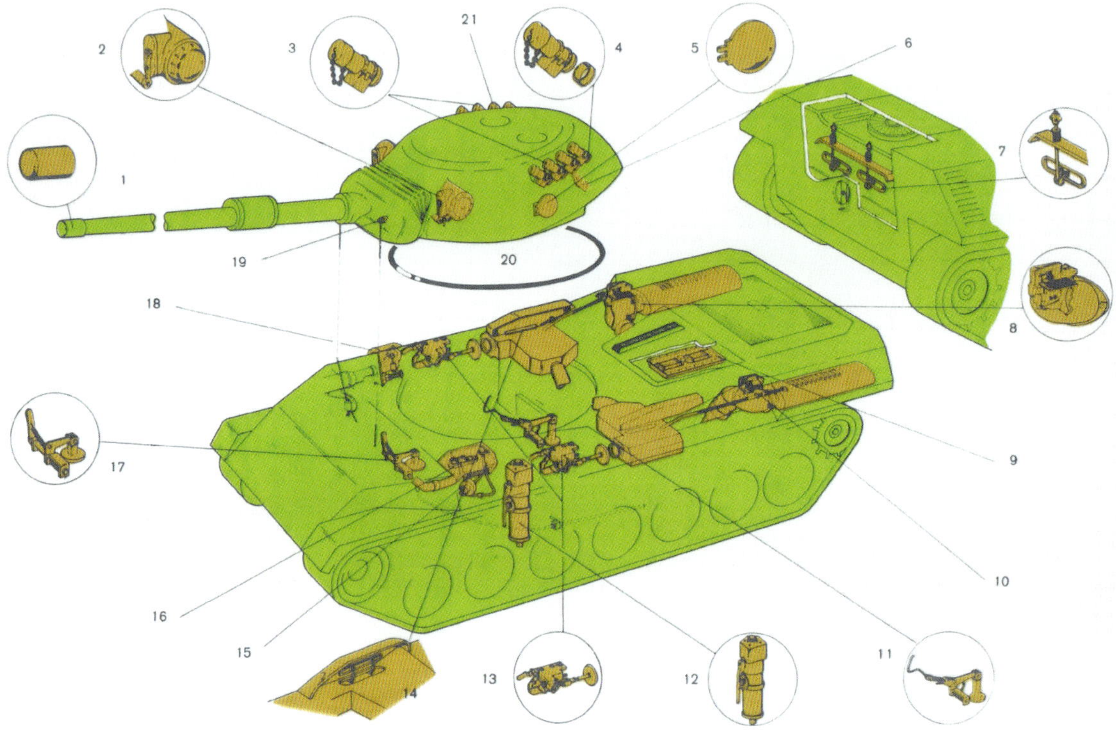

Feuerlöschanlage

Die Feuerlöschanlage soll die Baugruppen im Motorraum im Falle eines Brandes durch einen elektrisch ausgelösten Löschvorgang vor größeren Schäden schützen. Zu diesem Zweck sind Rohre mit Sprühdüsen im Triebwerksraum verlegt, die das Löschmittel aus vier Löschmittelflaschen auf mögliche Brandherde verteilen. Die Auslösung von zwei Löschmittelflaschen erfolgt im Brandfalle automatisch durch einen Feuerwarndraht (Lineardetektorelement), der im gesamten Motorraum verlegt ist. Wird der »fire-wire« an einer Stelle über 180 Grad Celsius erhitzt, so reduziert sich an dieser Stelle der elektrische Widerstand – dadurch wird das Ventil der ersten Löschmittelflasche geöffnet. Sofern der Brand nach Entleeren der ersten Löschmittelflasche nicht gelöscht ist, wird automatisch auch die zweite Löschmittelflasche entleert. Die vier Löschmittelflaschen befinden sich an der rechten Wannenseitenwand hinter dem Fahrerplatz. Die beiden restlichen Löschmittelflaschen können nur manuell am Schaltkasten der Feuerlöschanlage ausgelöst werden. Die Brandüberwachung des Triebwerksraumes ist auch in Betrieb, wenn das Fahrzeug abgestellt und der Hauptschalter ausgeschaltet ist. Anfänglich wurde Monochlorbrommethan als Löschmittel verwendet, welches alsbald durch Halon 1211 ersetzt wurde. Aufgrund des FCKW-Abkommens musste das Halon in den letzten Jahren durch ein stickstoffhaltiges Gemisch (Deugen-N) ausgetauscht werden.

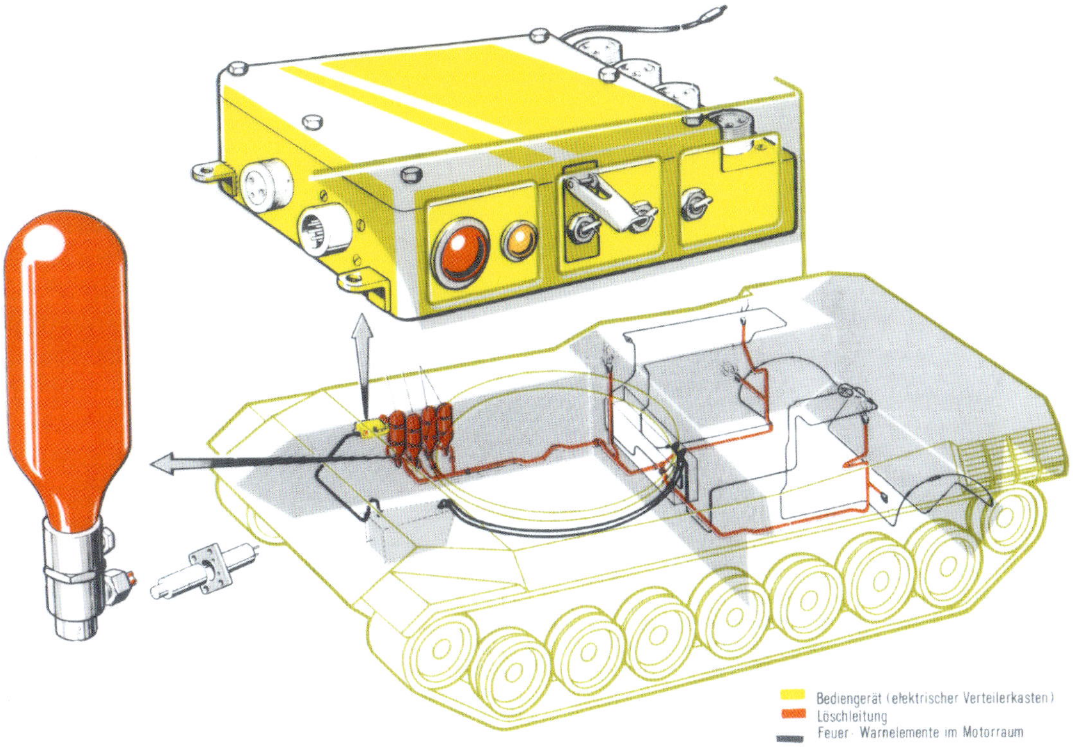

Bordnetz / Generator / Batterien

Die elektrische Anlage des Leopard 1 ist auf 24 Volt Gleichstrom ausgelegt (Ladespannung der Batterien: 28 V). Die elektrische Energie wird in acht 12-V-Batterien gespeichert, die in vier Gruppen parallel geschaltet sind – damit ergibt sich eine Gesamtkapazität von 400 Ah. Jeweils vier Batterien sind links und rechts vor der Schottwand im Kampfraum platziert. Das Laden der Batterien erfolgt durch einen luftgekühlten Drehstromgenerator, der bei 28 V einen maximalen Strom von 320 A liefern kann (entspricht einer Leistung von knapp 9 kW). Am Generator angeschlossen ist ein flüssigkeitsgekühlter Gleichrichter mit Siliziumdioden. Ein Regler steuert die Spannung des Generators in Abhängigkeit von der Belastung durch Verbraucher und dem Ladezustand der Batterien. Das gesamte Bordnetz wird über den Hauptschalter an der Instrumententafel des Fahrers ein- und ausgeschaltet (mit Ausnahme der Feuerlöschanlage, die immer mit Strom versorgt wird). Bei Ausfall der Batterien (geringer Ladezustand) kann der Motor über ein Fremdstromkabel und einen Fremdstromanschluss durch ein Zweitfahrzeug gestartet werden. Beim Anlassvorgang fließen kurzzeitig bis zu 3200 A!

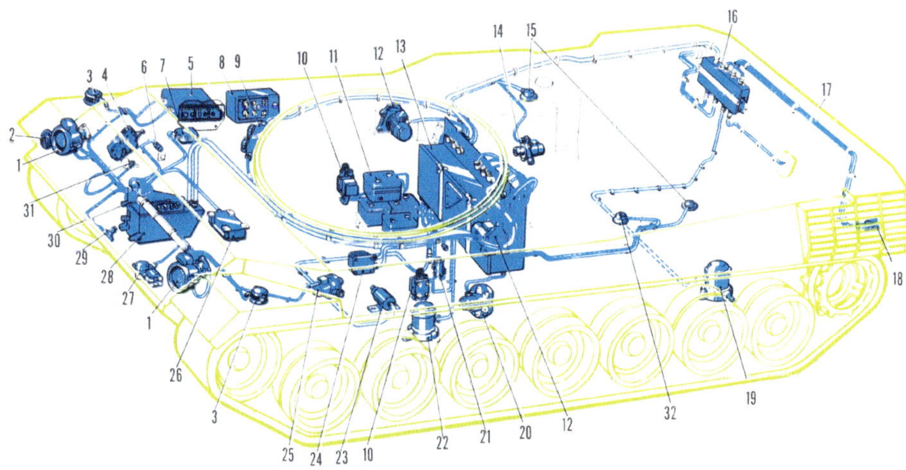

Turm-Drehlager

Obwohl von außen nicht sichtbar, so ist auch das Turm-Drehlager eine der wichtigsten Komponenten, ohne die ein Turmpanzer nicht funktionieren würde. Aus Sicht des Turmkonstrukteurs sollte das Drehlager einen möglichst großen Durchmesser aufweisen, damit im Inneren genügend Platz zur Unterbringung von Besatzung und Komponenten vorhanden ist. Für die Kampfpanzer Leopard 1 und Leopard 2 wurde – unter Berücksichtigung des Eisenbahn-Verlademaßes – ein Außendurchmesser von 2200 mm festgelegt. An das Drehlager werden vielfältige Anforderungen gestellt. Herkömmliche Wälzlager aus Stahl wären bei diesen Dimensionen viel zu schwer. Daher wurde für den Kpz Leopard 1 (A1–A3) ein Vierpunkt-Drahtkugellager ausgewählt. Hierbei laufen die Stahlkugeln (Durchmesser ca. 30 mm) in vier Laufringen aus gehärtetem Stahl. Die vier Drahtbahnen sind in zwei Lagerringen aus Leichtmetall eingebettet. Der Einsatz einer Waffenstabilisierungsanlage erfordert, dass sich der Drehwiderstand des Lagers – auch bei Verformung und bei Wärmedehnung – möglichst nicht verändert. Problematisch ist auch, dass die aus dem Turmgewicht (ca. 10,8 to) resultierenden Kräfte nicht gleichmäßig am Umfang in die Wanne abgeleitet werden können. Vielmehr konzentriert sich die Krafteinleitung auf die seitlichen und den hinteren Bereich des Drehlagers. Um die Veränderung des Drehwiderstandes bei Wannenverformung weiter zu reduzieren, wurde beim KPz Leopard 1 A4 ein Dreidrahtrollenlager verwendet – damit ergab sich eine deutliche Verbesserung der Stabilisierungsgüte.

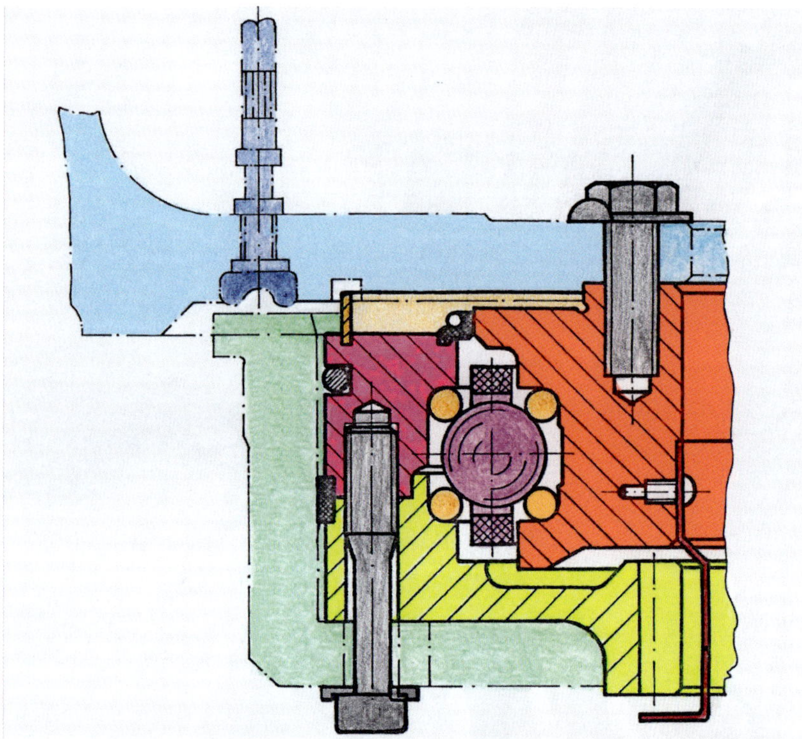

Schleifringübertrager

Der Schleifringübertrager ist ein relativ kleines Bauteil, ohne das ein Turmpanzer jedoch nicht funktionieren würde. Er befindet sich in der Mitte auf dem Boden der Turm-Drehbühne; das Oberteil ist am Drehbühnenboden befestigt, das Unterteil ist am Wannenboden (Fahrgestell) befestigt. Der Schleifringübertrager stellt somit die Verbindung zwischen Fahrgestell und Turm zur Übertragung von elektrischer Energie, von Steuersignalen und von Signalen der Bordverständigungsanlage (BV-Anlage) dar. Da an die einzelnen Übertragungswege unterschiedliche Anforderungen gestellt werden, sind beim Schleifringübertrager des Leopard 1 36 Übertragungsbahnen vorgesehen (zum Vergleich: Schleifringübertrager des SPz PUMA verfügt über 174 Bahnen). Die beiden Gleichspannungs-Versorgungsleitungen für die elektrischen Verbraucher im Turm sind kurzzeitig mit bis zu 800 A belastbar.

Schleifringübertrager.

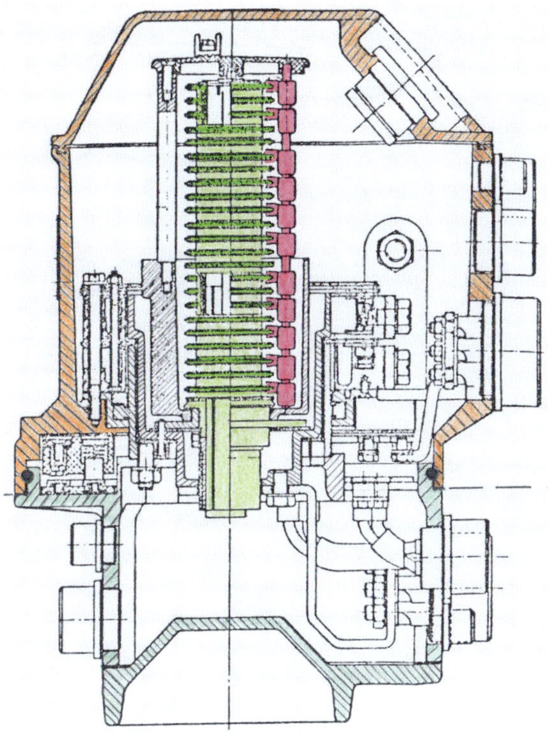

Schleifringübertrager Schnitt.

Fahrzeugfunkanlage

Der KPz Leopard 1 wurde 1965 mit der Fahrzeugfunkanlage SEM 25 ausgeliefert, die im Frequenzbereich von 26–70 MHz arbeitet. Gegenüber den älteren Funkgeräten aus US-Beständen zeichnete sich das Sende-/Empfangsgerät SEM 25 durch eine einfachere Bedienung aus. Zehn Frequenzen aus den insgesamt 880 verfügbaren Kanälen konnten vorgerastet (programmiert) werden. Damit ergab sich eine erhebliche Entlastung für den Kommandanten und eine deutliche Verbesserung der Führbarkeit des KPz Leopard 1. Im Regelfall verfügte ein Fahrzeug über zwei SEM 25, sodass jedes Sende- / Empfangsgerät auf jeweils eine der 2,5 m langen Peitschantennen arbeitete. Jede Antenne verfügte über ein Antennen-Abstimmgerät, durch das eine automatische Anpassung an die gewählte Sendeleistung (1 Watt oder 15 Watt) erfolgte. Unter günstigen Abstrahlbedingungen konnte mit einer Reichweite von bis zu 35 km gerechnet werden. Jedes Besatzungsmitglied verfügte über ein Bediengerät, über das zwischen dem internen oder externen Sprechverkehr gewählt werden konnte. Begleitinfanterie konnte über eine Außenbord-Sprechstelle an der Heckwand des Fahrzeugs Verbindung zur Panzerbesatzung aufnehmen. Die gesamte Anlage wurde aus dem Bordnetz mit 24 Volt versorgt – zum Schutz empfindlicher Halbleiterelemente in den Funkgeräten vor Überspannungen war ein Transientenschutz vorgeschaltet.

Etwa ab 1986 wurde ein großer Teil der noch vorhandenen Leopard 1-Fahrzeuge im Heer auf die Funkgeräte SEM 80/90 der 3. Funkgerätegeneration umgerüstet.

Bordausstattung, Werkzeug und Zubehör

Für die Durchführung von Pflege- und Wartungsarbeiten sowie für den Einsatz des KPz Leopard 1 steht der Besatzung eine umfangreiche Bordausstattung zur Verfügung. Für die Pflege- und Wartungsarbeiten gibt es spezielle Werkzeuge bzw. Werkzeugsätze für die Hauptwaffe, für die Nebelmittel-Wurfanlage und für die optischen Geräte. Ebenso befinden sich spezielle Werkzeuge für Laufwerksarbeiten sowie für Arbeiten am Triebwerk an Bord. Zu dieser Kategorie zählen u. a.:

- Rohrwischerstangen (8 Stück) mit Reinigungsgerät,
- Ringschlüssel bzw. Knarrenringschlüssel zum Kettenspannen,
- Sonderwerkzeug für Kettenmontage,
- Spezialwerkzeug zum einseitigen Anheben der Triebwerksraumabdeckung,
- Spezial-Spindelwerkzeug zum Lösen der Schiebemuffe vom Getriebe-Abtrieb.

Für das »Leben im Felde« steht der Besatzung eine breite Palette von Werkzeugen und Ausrüstungsteilen zur Verfügung, u. a.:

- Beil, klein, und Holzfälleraxt,
- 2 Spaten, Bügelsäge, Brechstange, Kreuzhacke, Vorschlaghammer (5 kg),
- Drahtschere,
- Abschleppseile (2 Stück) und Schäkel,
- Fremdstromkabel,
- Mehrfachbetankungstrichter,
- Abdeckplane und Tarnnetz.

Als Ersatzteile werden mitgeführt:

- Ersatzkettenglieder (3 Stück),
- Ersatzwinkelspiegel (5 Stück).

Schließlich gehören weitere Teile zur Bordausstattung, z. B.:

- Handfeuerlöscher (6 kg),
- Flaggensatz, Taschenlampe,
- Warndreieck, Winkerkelle, Verbandskasten,
- Kochplatte und Wasserkanister.

Materialerhaltung

Triebwerkwechsel

Um ein Fahrzeug mit einem Defekt am Triebwerk wieder schnellstmöglich dem Truppenführer zur Verfügung stellen zu können, wurden beim KPz Leopard 1 Motor, Getriebe und Kühlanlage zu einem gemeinsamen Block zusammengefasst. Der Wechsel eines Triebwerksblockes kann mit Hilfe eines 5-to-Kranes in ca. 25 min durchgeführt werden. Alle Verbindungen zum Fahrgestell (Kühlmittel-Leitungen, Kraftstoff-Leitungen, elektrische Verbindungen und Bedien-/Übertragungsteile) verfügen über Schnelltrennkupplungen. Damit wird beim KPz Leopard 1 im Vergleich zu anderen Kampfpanzern nur eine extrem kurze Zeit zum Triebwerkswechsel benötigt. Für den Triebwerksblock verfügt die Instandsetzungstruppe über ein spezielles Hebegeschirr, welches auf die Befestigungsstellen am Motor und in der Lüfterradnabe abgestimmt ist; das Hubseil greift exakt oberhalb des Schwerpunktes vom Triebwerksblock an.
Zur Durchführung eines Standlaufes ist die Truppe mit einem sogenannten »Standlaufbock« ausgestattet, dessen Aufnahmepunkte exakt in die Triebwerkslagerungen am Motor- und Getriebegehäuse eingreifen. Über ein sogenanntes »Standlaufgeschirr« können in kurzer Zeit die Verbindungen zwischen den wannen- und triebwerksseitigen Schnittstellen hergestellt werden. Der schnelle Ein- und Ausbau des Triebwerkes ist auch notwendig, da fast alle Wartungsstellen nur im ausgebauten Zustand zugänglich sind.

Ausbau Waffenanlage und Turm

Im Bedarfsfall kann ein verschlissenes Rohr aufgrund der Bajonett-Verbindung zum Bodenstück innerhalb von 15 min ausgebaut werden. Der Ausbau der kompletten Waffenanlage ist aufgrund der entsprechenden Größe des Turmmaules in ca. 30 min möglich. Bei russischen Kampfpanzern muss hierfür der Turm gelöst und im hinteren Bereich angehoben bzw. gekippt werden. Zum Tausch der Waffenanlage werden bei diesen Fahrzeugen mehrere Tage benötigt!
Beim KPz Leopard 1 kann nach Lösen von vier Dehnschrauben an der Wiegenwalze und Lösen von Dichtungselementen (ABC-Schutz; Wasserdichtigkeit) die Blende (Gewicht: 820 kg) mit Hilfe eines Kranes abgenommen werden. Nach Ausbau der Blende sind die beiden Schildzapfenlager zugänglich, deren Lagerringe dann axial nach außen abgezogen werden können. Nunmehr können die höhenrichtbaren Teile der Waffenanlage (Gewicht: ca. 2300 kg) nach vorne aus dem Turmmaul gezogen werden.
Zum Ausbau des Turmes – was nur sehr selten erforderlich ist – muss die Verschraubung mit dem oberen Ring des Drehlagers sowie die Kabelverbindungen am Schleifringübertrager gelöst werden. Zum Ausheben des Turmes ist ein 13-to-Kran erforderlich; der Arbeitsaufwand ist mit ca. 3 Stunden zu veranschlagen.
Schon bei der Konzeption des KPz Leopard 1 wurden die Forderungen der Materialerhaltbarkeit berücksichtigt und auf eine gute Zugänglichkeit und Austauschbarkeit der Baugruppen geachtet. Damit zeichnet sich der KPz Leopard 1 im Vergleich zu anderen Fahrzeugen durch sehr viel günstigere Materialerhaltungseigenschaften aus. In Verbindung mit der Zuverlässigkeit und der Langlebigkeit der Komponenten ergaben sich beim KPz Leopard 1 – im Vergleich zu anderen Kampfpanzern – unterdurchschnittlich geringe Nutzungs- und Betriebskosten.

Leopard 1 in der Nutzung

KPz Leopard 1 im Truppengebrauch / Bundeswehr

Der KPz Leopard 1 hat sich nach seiner Einführung in der Truppe einer großen Beliebtheit erfreut. Daran ändert auch die Tatsache nichts, dass nach ca. 20 Jahren Nutzung in der Ausbildung gewisse Verschleißerscheinungen an einigen Baugruppen einen erhöhten Aufwand (z. B. bei Einstell- und Justierarbeiten) erforderte. Gegenüber den Vorgängermodellen (M 47 / M 48) war der Leopard 1 deutlich schneller, beweglicher, durchzugskräftiger, zuverlässiger und präziser zu fahren. Der Autor hatte als technisch interessierter Panzersoldat im PzBtl 64 das Glück, nach wenigen Monaten Ausbildung auf dem KPz M 48 auf den Leopard 1 zu wechseln. Durch den direkten Wechsel waren die technischen Veränderungen und Verbesserungen zwischen den beiden Fahrzeugen besonders gut zu erkennen. Das Platzangebot für die Besatzung war besser als beim M 47 – jedoch geringer im Vergleich zum KPz M 48. Trotz des relativ knappen Raumangebotes für die Besatzung wurde bei der Konzeption des KPz Leopard 1 großen Wert auf die ergonomischen Gestaltungselemente gelegt. Dazu zählen u. a. die Sitzgestaltung; die Erreichbarkeit der Bedienelemente und die hydraulische Hubeinrichtung des Kommandanten-Sitzes oder das Vorhandensein einer elektrischen Kochplatte zum Aufwärmen von Speisen für die Besatzung. Die Verlagerung des Entfernungsmessers vom Kommandanten (M 47/48) zum Richtschützen beim KPz Leopard 1 ermöglichte es dem Kommandanten, sich auf die Führung des Fahrzeuges und die Gefechtsfeldbeobachtung bzw. Zielaufklärung zu konzentrieren. Mit dem pankratischen Rundblickperiskop verfügte der Kommandant über ein universell einsetzbares Beobachtungs- und Zielmittel; leider war es anfangs nicht stabilisiert und später lediglich sekundär stabilisiert (mechanische Koppelung mit der primär stabilisierten Waffe).
Der KPz Leopard 1 war mit einer spezifischen Antriebsleistung von knapp 15,3 kW/to (21 PS/to) für damalige Zeiten hoch motorisiert. Das ermunterte einzelne Einheiten, die sogenannten »Heeres-Weitflugmeisterschaften« auszurufen. Der Rekord soll angeblich bei 15 m im freien Flug liegen. Allerdings holten sich einige Fahrer bei diesem fragwürdigen Wettkampf auch erheb-

Leoparden des 3./PzBtl 64 bei einer Marschübung auf der Ringstraße des TrÜbPlatzes Wildflecken (1968).

liche Verletzungen, wenn das Fahrzeug mit dem ungefederten Leitrad aufschlug. Ansonsten gab es relativ wenige Unfälle mit dem KPz Leopard 1, zumal die Lenkung präzise und die Bremsen leistungsfähig und zuverlässig waren. Allerdings kamen einige Leoparden in Kurven von der Straße ab, weil »Gastfahrer«, die nicht ordnungsgemäß auf dem Fahrzeug ausgebildet und einge-

Ein Leopard des 3./PzBtl 64 ist auf einer Gefällestrecke des TrÜbPlatzes Baumholder vom rechten Weg abgekommen.

Leopard 1 A4 nach dem Tiefwaten: Obwohl dieses Fahrzeug mit dem Unterwasser-Fahrschacht ausgerüstet ist, dürfte es (erkennbar an der geöffneten Ladeschützenluke) in der Wasserübungsanlage an der Panzer-Ringstraße in Munster gerade einen Tiefwatgang absolviert haben. Offenbar durch ein sehr zügiges Hineinfahren in das Wasser wurden die Schmutzfänger im Bereich der vorderen Kettenabdeckung (gummierte Teile) etwas in Mitleidenschaft gezogen.

Prototyp des »Beo-Leo« (7/1998)

wiesen waren, bei engeren Kurvenradien nicht in einen kleineren Gang schalteten. In der Fahrschule hatte man gelernt, dass das Lenkgetriebe in jeder Ganglage nur einen minimal fahrbaren Kurvenradius zuließ. War der Kurvenradius der Straße enger, so musste um einen Gang zurückgeschaltet werden.
Bei einem anderen offiziellen Wettkampf – nämlich der Canadian Army Trophy (CAT) – stellten Besatzungen mit dem KPz Leopard 1 oft die Sieger und verwiesen häufig die Kampfpanzer M 60 und Chieftain auf die hinteren Ränge. Bei dem CAT-Wettbewerb handelte es sich um einen Schießwettkampf unter NATO-Staaten.
Eine hohe Antriebsleistung bzw. ein hohes Motor-Drehmoment (welches beim Anfahren durch den Drehmomentwandler noch um den Faktor 2,8 verstärkt wurde) sind die Grundvoraussetzung, um im Gelände und an Steigungen noch mit relativ hoher Geschwindigkeit fahren zu können. Allerdings mussten die antriebsseitigen Kräfte auch auf den Boden übertragen werden können. Hier setzte die anfänglich genutzte, voll gummierte Kette vom Typ D 139 stets die Grenzen. Insbesondere bei winterlichen Verhältnissen – z. B. auf einer festgefahrenen Schneedecke – ergab sich nur eine sehr geringe Traktion. Erst mit der Einführung der Systemkette D 640 A ab 1972 verfügte die Truppe über eine wintertaugliche Gleiskette, da hier bei Bedarf die Gummipolster gegen Schneegreifer ausgetauscht werden konnten. Allerdings musste mit Einführung

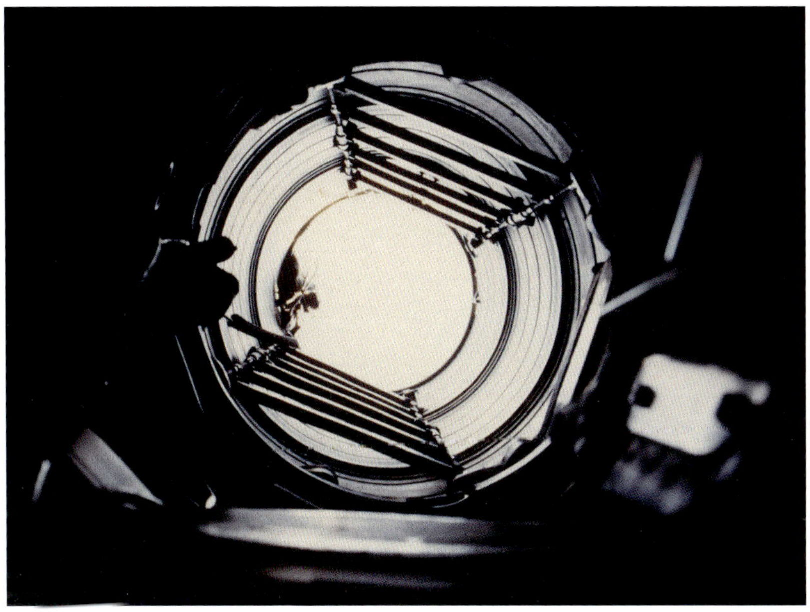

Unterwasserfahrschacht von innen.

der Systemkette D 640 A eine Gewichtserhöhung von ca. 800 kg pro Fahrzeug in Kauf genommen werden. Und die Systemkette D 640 A führte zu einer stärkeren Schwingungsanregung. Dies machte sich insbesondere bei den Schweißturmversionen bemerkbar, da hier die Optiken bei bestimmten Fahrzuständen zeitweilig in starke Vibrationen gerieten. Interessanterweise war dieser Effekt bei den Gusstürmen aufgrund der Eigendämpfung des Panzerstahlgusses weniger stark ausgeprägt.
Unter den heutigen gesetzlichen Bestimmungen würde der KPz Leopard 1 in seiner ursprüngli-

KPz Leopard bei einem Technischen Halt: Bei längeren Märschen muss an geeigneten Streckenabschnitten ein technischer Halt der Marschkolonne eingeplant werden. Hierbei fallen jedem Besatzungsmitglied spezifische Aufgaben zu: ein Besatzungsmitglied regelt in Abstimmung mit den anderen Verkehrsposten den Verkehr im Umfeld des Fahrzeugs. Weiterhin fallen Prüfungen an diversen Laufwerksteilen an (Temperaturen, evtl. Ölverluste; Auffälligkeiten an den Ketten); auch die Befestigung der Ausrüstungsteile muss überprüft werden.

KPz Leopard 1 im Tiefwatbecken: Das Bild zeigt einen KPz Leopard 1 der 3.Kp/PzBtl 64 im Tiefwatbecken des Fahrschulgeländes in Stadt Allendorf. Die Aufnahme wurde im Winter 1969 gemacht – daher musste das erste Fahrzeug noch eine dünne Eisschicht im Tiefwatbecken durchbrechen. Für das Tiefwaten wurde die Tauchhydraulik aktiviert und die Turmdrehkranzdichtung aufgepumpt. Im Wasser kann die Dichtigkeit der Fahrerluke und der Triebwerksraumabdeckung sowie die Dichtigkeit aller Klappen überprüft werden, die durch die Hydraulikzylinder der Tauchhydraulik verschlossen wurden.

chen Ausführung keine Zulassung mehr erhalten. Eine kritische Baugruppe stellt die Bremsanlage dar, die als Einkreis-System ausgelegt war und darüber hinaus den heute geforderten Heißbremstest nicht mehr bestehen würde (dieses Problem wird beim KPz Leopard 2 durch Einsatz des hydrodynamischen Retarders gelöst). Eine weitere kritische Baugruppe stellt aus heutiger Sicht die Heizung dar, deren Abgasführung durch den Kampfraum verlief

(hier bestand die Gefahr, dass bei Undichtigkeiten Kohlenmonoxid in den Kampfraum austrat). U. a. aufgrund dieser Probleme ist im Jahr 2000 die Umrüstung von den geplanten 165 Fahrzeugen (ursprünglich waren 335 Fahrzeuge geplant) zu Beobachtungspanzern Artillerie / Leopard 1 (»Beo Leo«) fallen gelassen worden. Mit den Beobachtungspanzern auf Basis des Leopard 1-Fahrgestells hätte die Artillerietruppe ein Fahrzeug erhalten, dessen Mobilität den Leistungen der PzH 2000 entsprochen hätte.
Eine besondere Herausforderung stellte für Besatzungen und Fahrzeug die Unterwasserfahrt dar. Vor Durchführung einer Unterwasserfahrt war ein erheblicher Ausbildungsaufwand inkl. Sicherheitsbelehrungen für die Besatzung erforderlich. Hierzu zählte u. a. der ordnungsgemäße Gebrauch des Tauchretters, über den jedes Besatzungsmitglied verfügte (der Tauchretter erzeugte auf chemischem Wege Sauerstoff für einen längeren Zeitraum). In einem nächsten Schritt musste der Untergrund des Gewässers nach Hindernissen oder Untiefen erkundet werden. Als letzter Schritt musste das Fahrzeug vorbereitet werden. Hierzu zählten u. a. die Säuberung und Überprüfung aller Dichtungen von Luken und Klappen, das Aufsetzen des Unterwasser-Fahrschachtes auf die Kommandanten-Luke und die Vorbereitung an den Abschleppseilen für eine Notbergung eines auf dem Gewässergrund liegengebliebenen Fahrzeugs. Bei ordnungsgemaßer Funktion der Rückschlagklappe in den Abgasrohren hätte der Motor unter Wasser abgestellt und wieder angelassen werden können. Sollte beim Tiefwaten bzw. bei Unterwasserfahrt dennoch Wasser in das Fahrzeug eindringen, so steht sowohl im Kampfraum wie auch im Triebwerksraum eine Lenzpumpe (maximale Förderleistung: 125 l/min) zur Verfügung. Unter Beachtung der sicherheits- und umweltrechtlichen Probleme wurde die Unterwasserfahrt größtenteils in entsprechenden Becken in Munster oder bei der WTD 41 in Trier geübt. Mit Reduzierung der Wehrdienstdauer musste dieser besondere Ausbildungsabschnitt in den Panzerbataillonen entfallen.

Eine Leopard-Kompanie auf der Schießbahn. Das Bild zeigt die Fahrzeuge von zwei Zügen (2. Kp/PzBtl 64) auf einer Schießbahn. Vor dem Beginn der Schießkampagne hat der Waffentrupp bereits im Standort alle Waffenanlagen (Rohrbremsen, Rohrvorholer, Kontaktbrücken; Verschlusskeile usw. überprüft. Nach der Punktjustierung auf eine Justierscheibe (1500 m) wird aus Sicherheitsgründen der erste Schuss ohne Besatzung im Fahrzeug über eine Fernabfeuerung ausgelöst. Der Kommandant muss durch aufgesetzte Flaggen den Zustand des Fahrzeugs (sicher/feuerbereit) signalisieren – eine Schussabgabe mit grüner Flagge kostet am Abend einen Kasten Bier.

KPz Leopard 1 immobil: Bei Bewegungen auf Truppenübungsplätzen gehört das Festfahren von Panzerfahrzeugen zur Tagesordnung. In »einfachen Fällen« reicht die Kameradschaftshilfe eines anderen Kampfpanzers. Besonders in diesen Situationen hilft die Überhöhung des Drehmomentes durch den Drehmomentwandler im Anfahrpunkt. Falls der Boden im größeren Umfeld des ausgefallenen Fahrzeugs extrem weich ist, muss ein Bergepanzer angefordert werden, der mit seinem langen Zugseil von einem sicheren Standort aus das Fahrzeug bergen kann. Eine derartige Operation ist in der Praxis eine relativ langwierige Aktion. In Friedenszeiten ist das Festfahren eines Panzers für die Besatzungen zwar unangenehm und arbeitsaufwändig. Lebensbedrohlich werden dagegen solche Situationen unter realer Bedrohung. Im Grenzfall muss ein Fahrzeug dabei aufgegeben werden. Hierfür waren im Einsatzfall für den KPz Leopard 1 Zerstörladungen (Thermitstäbe) vorgesehen, um das Fahrzeug bzw. die Waffe durch die Besatzung vor dem Verlassen unbrauchbar zu machen.

Das Ende der Leoparden

Aufgrund des KSZE-Vertrages zur Abrüstung in den europäischen Staaten wurden Deutschland maximal 3500 Kampfpanzer zugestanden. Vor der Wende verfügte die Bundeswehr über 2225 KPz Leopard2, 2437 KPz Leopard 1 und 650 KPz M 48 A2 G A2 – in der Summe also über 5312 Kampfpanzer. Somit musste ab Anfang der 90er Jahre ein Großteil der Kampfpanzer verkauft oder verschrottet werden. Hierfür entstand im Jahr 1991 ein Recyclings- und Verschrottungszentrum auf einer stillgelegten Industriefläche in Rockensußra (Thüringen). Im Jahr 2004 firmierte das Unternehmen um in »Battle Tank Dismantling GmbH Koch«. In den kommenden Jahren sollte das Unternehmen über 14 000 Panzerfahrzeuge verschrotten. Ein Großteil kam aus dem Bestand der ehemaligen NVA; aber es waren auch Fahrzeuge der Typen: Leopard 1, Marder, Luchs, Skorpion, Roland und Jaguar 1 bzw. 2 darunter.

Bei der Verwertung arbeitet das Unternehmen streng nach den Regeln des KSZE-Vertrages sowie unter Beachtung des Kriegswaffenkontrollgesetzes. Alle Fahrzeugbewegungen auf dem Firmengelände werden per Satelliten überwacht. Die Regelungen der KSZE schreiben vor, dass ein Kampfpanzer dann als unbrauchbar gilt, wenn u. a. die linke Wannenseite mit der Aufnahme des Seitenvorgeleges sowie die linke Schildzapfenlagerung der Hauptwaffe großflächig herausgebrannt wurden. Sofern die KPz Leopard 1 nicht einer Nutzung in einem ausländischen Staat zugeführt wurden, haben sie in Rockensußra – nach einem Zwischenstopp im Verwahrlager Siegelsbach – ihr endgültiges Ende gefunden.

Verschrottung Wanne.

Zur Verschrottung bereitstehende Fahrgestelle vom KPz Leopard 1 A5:
Aufgrund der KSZE-Vereinbarung vom November 1990 hat die Bundeswehr in der Folge alle KPz M 48 A2GA2 und Leopard 1 ausgesondert. Speziell die Version Leopard 1A5 war wegen der modernen Feuerleitanlage von anderen Staaten sehr begehrt. Daher wurden ab dem Jahr 2002 ca. 920 KPz Leopard 1 A5 (teilweise auch nur die Türme) von der Bundeswehr als »Länderabgaben« an andere Nationen (u.a.: Brasilien, Griechenland, Italien, Dänemark, Kanada und Belgien sowie an die Industrie verkauft. Einige wenige Fahrzeuge überlebten in Museen – während ca. 300 Fahrzeuge (teilweise nur Fahrgestelle) in Rockensußra verschrottet wurden.
Bei der Verschrottung eines KPz fallen neben verschiedenen Stahlarten auch Leichtmetall-Legierungen, Kupfer, Messing und Bronze sowie in den Platinen Zinn, Blei und geringe Mengen an Gold an. Als problematisch erweist sich die Entsorgung von einigen Kunststoffarten (phenolhaltig, chloridhaltig), von asbesthaltigen Materialien und von Lacken. Die umweltgerechte Entsorgung aller Arten von Ölen, Schmierstoffen und Kühlmittel ist relativ aufwendig. Insgesamt konnte durch die Verschrottung eines KPz am Ende kaum ein Gewinn gemacht werden, da durch die massenhafte Verschrottung von Panzerfahrzeugen Anfang der 1990er Jahre z. B. die Aufnahmekapazität für Stahl in Deutschland (max. 500 to/Jahr) gesättigt war – und damit der Preis für Stahlschrott ein Minimum erreichte. Demgegenüber standen die hohen Personal-, Energie-, und Entsorgungskosten in Höhe von ca. 40–50.000 DM pro Fahrzeug (Preisstand 1992).

Verschrottung Turm.

Schlusswort / Der Autor

Schlusswort

Der KPz Leopard 1 stellte das erste große Panzerprojekt für die deutsche Industrie nach dem Ende des 2. Weltkrieges dar. Die nach dem Krieg verständliche Zurückhaltung vieler Firmen bezüglich eines Wiedereinstiegs in die Rüstungsentwicklung und Rüstungsproduktion war verständlich. Hier wurde anfangs durch großzügige vertragliche Regelungen durch den Auftraggeber die Motivation für einen Wiedereinstieg gesteigert – was schließlich auch Erfolg zeigte.
Mit dem Projekt Leopard 1 inkl. Familienfahrzeuge sowie dem später folgenden Projekt SPz - neu wurde damit in den 1960er Jahren der Grundstock für eine erfolgreich operierende Panzerindustrie in Deutschland gelegt. Eine solide Gesamtsystemkonstruktion und eine umfangreiche sowie sorgfältige Erprobung waren der Schlüssel zum Erfolg der Produkte, die später auch auf dem internationalen Markt eine große Verbreitung erzielten. So stellte das Programm Leopard 1 den Grundstein für eine langjährig erfolgreiche Panzerentwicklung in Deutschland dar. Diese Ausgangsbasis sorgte auch dafür, dass sich auch noch 2020 der KPz Leopard 2 in der Produktion befindet, während bei vergleichbaren westlichen Kampfpanzern aufgrund mangelnder Nachfrage die Produktionslinien schon seit Jahren geschlossen werden mussten.

Der Autor

- Ausbildung zum Reserveoffizier in der Panzertruppe an den Kampfpanzern M 48 A2, Leopard 1 und Leopard 2,
- Studium des Maschinenbaus an der Technischen Hochschule Darmstadt und ziviler Gasthörer an der damaligen Fachhochschule 1 des Heeres (Darmstadt),
- nach Referendariat: Tätigkeit u. a. als Referent für Panzertechnologie im Bundesamt für Wehrtechnik und Beschaffung (BWB) in Koblenz,
- Wechsel zur Bundesakademie für Wehrverwaltung und Wehrtechnik in Mannheim; dort Tätigkeit als Dozent und Leiter des Fachgebietes „Systemtechnik Land“,
- nach Pensionierung: verstärkte Aktivitäten bei Vortragstätigkeiten sowie Erstellung von Artikeln und Fachbüchern.

Soldaten der Bundeswehr an Bord eines getarnten Kampfpanzers Leopard I während der Übung REFORGER '83. (Foto: Aerospace Av Service im Auftrag der US ARMY)